Management-Brevier

Helmut Maucher baute *Nestlé* zu einem Welt-konzern aus. Fast zwei Jahrzehnte stand der Top-manager an der Spitze des Branchenprimus der Nahrungsmittelindustrie. Als Ehrenpräsident des Verwaltungsrates nimmt er auch heute noch aktiv an der Entwicklung von *Nestlé* teil und bekleidet außerhalb des Unternehmens verschiedene Auf-sichtsratsmandate sowie Funktionen in Kontroll-gremien und anderen Institutionen.

Helmut Maucher

Management-Brevier

Ein Leitfaden für
unternehmerischen Erfolg

Campus Verlag
Frankfurt/New York

Bibliografische Information der Deutschen Nationalbibliothek
Die Deutsche Nationalbibliothek verzeichnet diese Publikation in der
Deutschen Nationalbibliografie. Detaillierte bibliografische Daten
sind im Internet über http://dnb.d-nb.de abrufbar.
ISBN 978-3-593-38280-7

Copyright © 2007 Campus Verlag GmbH, Frankfurt/Main
Umschlaggestaltung: Büro Hamburg
Satz: Fotosatz L. Huhn, Maintal-Bischofsheim
Druck und Bindung: DruckPartner Rübelmann, Hemsbach
Gedruckt auf säurefreiem und chlorfrei gebleichtem Papier.
Printed in Germany

Besuchen Sie uns im Internet: www.campus.de

Inhalt

Vorwort

Noch nie gab es so viele Bücher über Management, Unternehmensführung, »Wege zum Erfolg« oder über einzelne Aspekte der Unternehmensführung. Wissenschaftler, Berater und Praktiker haben darüber geschrieben. Nicht zu vergessen Universitäten, Institute, unzählige Seminare und Schulungseinrichtungen in Firmen, die sich auch diesem Thema gewidmet haben. Wenn also Unternehmen oder verantwortliche Führungskräfte keinen Erfolg haben, liegt es bestimmt nicht an einem Mangel an Angeboten entsprechender Literatur, Vorlesungen oder Veranstaltungen. Vielmehr ist es heute schwer geworden, in der Masse des verfügbaren Wissens die Essenz, das wirklich Wesentliche, zu finden.

Deshalb habe ich es trotz vieler Empfehlungen nicht für nützlich erachtet, der bestehenden Literatur ein weiteres umfangreiches Werk hinzuzufügen nach dem Motto: Es wurde schon alles gesagt und geschrieben, aber nicht von mir.

Stattdessen kam mir irgendwann die Idee, ein Brevier für Manager zu schreiben. Kurz, handlich und den wesentlichen Aspekten zum Thema Management entsprechend gegliedert. So kann man sich im Sinne eines Nachschlagewerkes rasch über ein bestimmtes Thema oder mit relativ geringem Zeitaufwand über die ganze Thematik informieren. Deshalb wird dieses Buch nicht nur die Manager, die heute in Verantwortung sind, interessieren, sondern vor allem auch junge Menschen, die am Anfang ihrer Karriere stehen oder noch studieren. Oder aber Leser, die ganz einfach einmal wissen möchten: Was ist eigentlich Management?

Natürlich kann ein solches Buch keinen Anspruch auf Vollständigkeit erheben, aber es vermittelt Gedanken und Wissen über das, was mir besonders wichtig erscheint, und es behandelt Gesichtspunkte, die in der einschlägigen Literatur vernachlässigt sind oder gar nicht behandelt werden (wie zum Beispiel ergänzende Anmerkungen zu vielen Aspekten eines wertorientierten Managements oder auch einige Anmerkungen zu Corporate Governance).

Im Anhang befindet sich außerdem eine Zusammenstellung von zehn Eigenschaften, die ich als Voraussetzung für erfolgreiches Management sehe, und die, vor vielen Jahren beim World Economic Forum in Davos präsentiert, auch heute noch aktuell sind. Ferner finden sich dort die von mir formulierten »Grundlegenden Management- und Führungsprinzipien für Nestlé«, die von allgemeinem Interesse sein dürften. Dem Brevier liegt kein zusätzliches Literaturstudium zugrunde, sondern es enthält Erfahrungen und Kenntnisse, die sich im Laufe meines beruflichen Lebens angesammelt haben.

Natürlich habe ich Aufsätze, Abhandlungen, Reden und Interviews von mir sowie interne Ausarbeitungen aus meinem Unternehmen genutzt, die aber – außer der Erhebung von Daten und allgemeinen Informationen – nicht von anderen aufgeschrieben, sondern von mir selbst verfasst worden sind. Das Ganze ist also in »meiner Sprache« geschrieben.

An dieser Stelle möchte ich mich auch bei Herrn Hartmut Gahmann, Leiter Corporate Communications, *Nestlé Deutschland AG*, für seine kritische Durchsicht des Buches sowie seine konstruktiven Ergänzungen und Vorschläge bedanken.

Da meine Überlegungen sich nicht immer im »Mainstream« der heutigen Zeit bewegen, sondern gegenwärtige Tendenzen und Modeerscheinungen zum Teil kritisch beleuchten, mag nicht jeder Leser mit allem einverstanden sein. Ich hoffe aber, dass dies sein Vergnügen oder Interesse an dem Brevier nicht beeinträchtigen, sondern dass es ihn eher dazu inspirieren wird, über das eine oder andere Thema nachzudenken. Wenn dies geschehen sollte, habe ich mit meinem Managementbrevier nicht wenig erreicht.

Übrigens wird der Begriff »Management« im Titel des Buches im weitesten Sinne des Wortes verwendet und steht also für Unternehmer, Topmanagement und Führungskräfte. Welche Unterschiede ich beispielsweise zwischen einem Manager und einem Unternehmer sehe, ist im anschließenden ersten Kapitel behandelt.

Kapitel I

Unternehmer oder Manager?

Zwei unterschiedliche Führungsqualitäten

Heute wird oft zwischen dem Unternehmer und dem Manager unterschieden. Gleichzeitig ist das Wort »Management« der heute am meisten verwendete Begriff für Unternehmensführung. Im Allgemeinen sind englische Begriffe ja sehr präzise, klar und einfach. In diesem Fall glaube ich aber, dass das deutsche Wort »Führungskunst« besser trifft, was zumindest ich unter Management verstehe. Auch das Wort »Leadership« umfasst nicht alles, was das Wort »Führungskunst« beinhaltet. Denn es setzt sich immer mehr das Verständnis durch, dass reine Führungstechnik nicht ausreicht, um erfolgreich zu sein. Unerlässlich ist etwa die »Emotionale Intelligenz«, die Fähigkeit, seine eigenen Gefühle zu kontrollieren, klug mit den eigenen und den Gefühlen anderer Menschen umzugehen. Der Begriff der »Emotionalen Intelligenz« ist heute ja in aller Munde.

Was unterscheidet den klassischen Manager von dem klassischen Unternehmer? Ich habe das in der folgenden Tabelle festgehalten.

Der wohl bekannteste Managementguru des letzten Jahrhunderts, Peter Drucker, hat es übri-

Der Manager

.... sieht vor allem seine Aufgabe im Unternehmen

... verwaltet und optimiert das Unternehmen

... hat fachliche Kompetenz

... macht Forecasting und erstellt Pläne
(der Planungshorizont ist eher kürzer)

... sichert Risiken ab, etwa durch Checklisten und Kennziffern

... arbeitet mit Analysen, Zielsetzungen und Maßnahmen

... trifft Entscheidungen unter rationaler Abwägung von Pros und Cons

... verfügt über spezielle Managementqualitäten

Der Unternehmer

... sieht vor allem die unternehmerische Chance

... ist mehr Stratege und Unternehmensentwickler

... hat Charisma und Begeisterungsfähigkeit

... hat Vorstellungen, Visionen von der Zukunft des Unternehmens, denkt vor allem langfristig

... nimmt Risiken in Kauf, hat Mut

... arbeitet mit einfachen Konzepten und Grundideen, welche er hartnäckig verfolgt

... verlässt sich in schwierigen Fragen, in denen eine Entscheidung nicht allein rational gefällt werden kann, auf seine Intuition

... ist eine Führungspersönlichkeit

gens ganz einfach wie folgt auf den Punkt gebracht: »Leaders do the right things. Managers do things right«. Und der Organisationsforscher Harold J. Leavitt fasste den Unterschied zwischen Unternehmern und Managern so: »Leaders are pathfinders. Managers are problem-solvers.« Ich wiederum glaube, dass heute, um ein Unternehmen erfolgreich zu führen, sowohl Unternehmer- als auch Managerqualitäten erforderlich sind.

In diesem Zusammenhang wurde ich oft gefragt, wie ich meine Entscheidungen treffe: mehr mithilfe wissenschaftlicher Betriebsführung oder mehr intuitiv aus dem Bauch? Meine Antwort darauf lautet: Das ist von Fall zu Fall unterschiedlich. Auch Erfahrungen spielen eine Rolle, und im Übrigen besteht Intuition auch aus einer kreativen Verwertung von Informationen. Wenn es sehr schwierig wird und verschiedene Wege gegangen werden können, verlasse ich mich am Schluss auf meinen »inneren Kompass«.

Beispielsweise war es bei der vor über 15 Jahren getätigten Akquisition von *Rowntree* in England (*Kitkat*, *Smarties* und so weiter) sehr schwierig, den richtigen Preis für das endgültige Angebot an das Management von *Rowntree* zu definieren. Erstens wussten wir nicht, wie das *Rowntree*-Management und der Vorstand von *Rowntree* auf einen bestimmten Preis reagieren würden, und zweitens gab es einen wichtigen anderen Anbieter, von dem wir ebenfalls nicht wussten, mit welchem Preis er bieten würde. Wir hatten am Vorabend mit allen einschlägigen Experten und Fachleuten intensive

Diskussionen, ohne zu einem endgültigen Ergebnis zu kommen. Schließlich sagte ich: »Ich gehe jetzt schlafen.« Was ich auch tat (und im Übrigen sehr gut schlief). Am nächsten Morgen griff ich um acht Uhr zum Telefonhörer und teilte dem *Rowntree*-Management meinen Angebotspreis mit, von dem ich glaubte, dass es der richtige sein könnte. Glücklicherweise habe ich Recht behalten. Meine Entscheidung beruht dann auf allem, was ich an Erfahrungen, Informationen, Analysen und Intuition zur Verfügung habe. Ausführlicher sind diese Dinge kaum erklärbar. Schon Goethe hat geschrieben: »Wenn ihr's nicht fühlt, ihr werdet's nicht erjagen.«

Kapitel 2

Die Ausrichtung des Unternehmens

Von Zeit zu Zeit lohnt es sich, die generelle Ausrichtung des Unternehmens und die unternehmenspolitischen Grundsätze zu überprüfen und neu auszurichten. Dies schafft eine klarere Grundlage und setzt den Rahmen, innerhalb dessen sich Verwaltungs- oder Aufsichtsrat und Management bewegen können. Für diese grundlegenden Diskussionen sind besonders die Eigentümer (das heißt die Aktionäre oder die Familie) und der Verwaltungs- oder Aufsichtsrat gefordert.

Meines Erachtens handelt es sich dabei um die folgenden Fragen, welche diskutiert und entschieden werden müssen: die Eigentümerstruktur, die Frage nach Diversifizierung oder Konzentration auf das Kerngeschäft, die Frage nach Aktionsradius und Expansionspolitik, die Risikopolitik sowie die unternehmenspolitischen Grundsätze.

Die Eigentümerstruktur

Zu diskutieren ist die Eigentümer- und Kapitalstruktur, zum Beispiel Unternehmen im Besitz eines oder mehrerer Betriebsinhaber, Familiengesellschaften, Public Companies oder Mischformen. Hierher gehört auch die Frage, ob ein Unternehmen im öffentlichen Eigentum bleiben oder privatisiert werden soll.

Familie oder Börse?

Das Unternehmen *Henkel* beispielsweise, ein bekanntlich sehr erfolgreiches Familienunternehmen, hat drei Familienstämme, die bislang beschlossen haben, die Mehrheit im Unternehmen zu behalten, aber im beschränkten Umfang auch den Kapitalmarkt zu nutzen. Bisher ist das Unternehmen gut damit gefahren und hat auch die nötige Expansion bewältigen können.

Bertelsmann dagegen hat sich entschieden, die teilweise Inanspruchnahme des Kapitalmarktes wieder zurückzunehmen und das Unternehmen ganz in der Familie zu belassen. Damit handelte das Unternehmen gegen den Trend und ersparte sich viele Komplikationen, die mit der Nutzung von Börse und Kapitalmarkt entstehen. Viele Einzel- oder Familienunternehmen sind zurzeit dabei, mit einem Teil des Vermögens an den Kapitalmarkt zu gehen – einerseits, um die Familienabhängigkeit zu reduzieren, und andererseits, um die Expansion über den Kapitalmarkt zu finanzieren.

Privatisierung

Bei den öffentlichen Unternehmen besteht gegenwärtig generell die Tendenz, diese ganz oder teilweise zu privatisieren. Beispiele dafür sind Elektrizitätswerke, kommunale Serviceeinrichtungen wie die Müllabfuhr, *Deutsche Bahn, Deutsche Post* und Telekommunikationsunternehmen. Das ist aus ökonomischer und gesellschaftspolitischer Sicht vernünftig, und dass immer noch Widerstände gegen die komplette Privatisierung von VW bestehen, ist daher nicht zu verstehen. Fragen muss man sich auch, ob die vielen Kultureinrichtungen in staatlicher Hand bleiben müssen. Durch eine Privatisierung würde sicherlich vieles effizienter werden, und bei der richtigen Preispolitik (das heißt höheren Preisen) würde man dann sehen, wie viele Menschen sich noch für Kultur interessieren.

Dem sozialen Einwand (»Kultur nur für die Reichen«) könnte man dadurch begegnen, dass man für Studenten und einkommensschwache Bürger eine Form von Subventionen findet, die natürlich von der öffentlichen Hand bezahlt werden müssen, die aber bestimmt günstiger wären als die Zuschüsse, die jetzt von Staat und Kommunen bezahlt werden.

Ein weiteres Argument für die Privatisierung von Kultureinrichtungen ist die Tatsache, dass sie oft nur von einem Teil der Bürger genutzt werden, jedoch alle Steuerzahler für deren Defizite bezahlen. Es mag aber auch Einrichtungen und Institutionen geben, die sich für eine Privatisierung nicht eignen, weil hier ein öffentliches Gut oder gemeinnützige Aspekte, die allen Bürgern zugutekommen, nicht privatwirtschaftlich und gewinnorientiert organisiert werden können.

Stiftungen

Zunehmend werden Unternehmen auch aus den verschiedensten Gründen in Stiftungen eingebracht. Das kann den Charakter des Unternehmens und seine Grundzielsetzungen verändern. Zum Beispiel können Ziele einer Stiftung sein, neben der Gewinnorientierung ethische oder soziale Aufgaben zu erfüllen, was zulasten der Gewinnmaximierung gehen kann. Ein Beispiel ist das Institut für Demoskopie in Allensbach. Es wurde von der früheren Eigentümerin, Elisabeth Noelle-Neumann, in eine Stiftung eingebracht, mit dem Ziel, dass neben der Gewinnerzielung des Institutes auch allgemeine Forschungsaufträge erfüllt werden können, die der Entwicklung der Meinungsforschung oder der Befragung über Themen dienen, für die es keinen Auftraggeber gibt.

Diversifizierung oder Konzentration auf das Kerngeschäft?

Eine weitere Frage ist die nach der generellen Ausrichtung des Portfolios eines Unternehmens. Hier wird immer wieder die Grundfrage gestellt: Soll das Unternehmen stärker diversifizieren oder sich mehr auf sein Kerngeschäft beschränken? Diese Frage wird überschätzt. Es gab vor einigen Jahren eine grundlegende Untersuchung dieses Themas durch ein Beratungsunternehmen, und zur Überraschung vieler war die Schlussfolgerung dieser

Studie, dass es für den Erfolg eines Unternehmens nicht so sehr auf die Entscheidung für mehr Diversifikation oder mehr Kerngeschäft ankommt, sondern – man staune – auf die Qualität des Managements!

Generell gilt natürlich, dass eine zu enge Ausrichtung auf das Kerngeschäft das Risiko erhöht, wenn sich die Welt stark verändert. Anderseits hat eine zu große Differenzierung oft die Folge, dass die Gesamtrentabilität des Unternehmens verringert wird, weil man nicht auf allen Gebieten gleich gut ist.

Im Allgemeinen ist eine starke Reduzierung auf das Kerngeschäft eher eine kurzfristig wirksame Politik, während eine gewisse Diversifizierung längerfristig zu mehr Erfolg führt, Risiken absichert und zukünftige Trends besser berücksichtigt. Die Wahrheit und die beste Strategie liegen wie in so vielen Fällen in der Mitte. Für das Unternehmen *Nestlé* habe ich immer gesagt: »Wir wollen ein Weltunternehmen sein, aber kein Allerweltsunternehmen.« In diesem Sinne haben wir wachstumsträchtige und an Wertschöpfung orientierte Gebiete auf dem Sektor Nahrungs- und Genussmittel weiter ausgebaut, besonders da, wo zukünftiges starkes Wachstum erwartet werden konnte. Ich erwähne als Beispiel Mineralwasser, Tiernahrung (Pet-Food), Frühstückscerealien, neue Tendenzen im Süßwarenverbrauch (Riegel, Schokolade gemischt mit Cerealien), Eiskrem und neuerdings auch alle Möglichkeiten der Ausschöpfung von ernährungsphysiologischen Aspekten (Nutrition). Dagegen haben wir uns von Gebieten zurückgehalten, die kein Wachstum mehr verzeichnen oder von starken Konkurrenten dominiert werden. Beispiel: *Unilever* bei Margarine, *Coca-Cola* im Bereich Softdrinks.

Ein gewisser Zwang zur Änderung des Portfolios mittels Diversifizierung besteht insbesondere dann, wenn das Kerngeschäft eher rückläufig ist und auch durch Innovationen nicht mehr belebt werden kann. Viele Unternehmen sind untergegangen, weil sie diese Änderungen zu spät bemerkt haben. Als Beispiel möchte ich hier die Entwicklung in den USA anführen: Im Jahre 2000 befand sich lediglich noch ein Unternehmen der 1900 gelisteten größten US-Unternehmen auf der Top-100-Liste. Alle anderen Unternehmen haben seitdem stark an Bedeutung verloren oder existieren gar nicht mehr. Oft genug ist die Ursache einer solchen Entwicklung der Mangel an weitsichtigem und nachhaltigem Management. Denn ganz entscheidend ist: Veränderungen und Anpassungen müssen auch und gerade dann vorgenommen werden, wenn das Unternehmen gut aufgestellt und profitabel ist. Man muss in die Zukunft – und das heißt in Potenziale – investieren und darf nicht auf dem Status quo verharren.

Wenn es notwendig wird, in ein neues Gebiet zu diversifizieren, dann ist es wichtig, dass man sich von Anfang an das notwendige Know-how beschafft und die entsprechenden Führungskräfte hat. Dies kann unter anderem auch durch eine Akquisition geschehen.

Aktionsradius und Expansionspolitik

Eine weitere Frage betrifft den Aktionsradius und die Größenordnung eines Unternehmens. Tendenziell kann man heute der stärkeren internationalen Ausweitung und auch dem weiteren Wachstum des Unternehmens den Vorzug vor lokaler Beschränkung und dem Verzicht auf Wachstum geben. Durch die heutige Informations- und Kommunikationstechnologie, durch die Globalisierung, durch die Entwicklung des Freihandels und so weiter sind frühere Beschränkungen weggefallen. Auch ein Mittelständler kann heute mit der ganzen Welt online verbunden sein. Es mag aber daneben immer auch Unternehmen geben, die sich aus guten Gründen beschränken, etwa weil sie mit der Konzentration auf eine lokale Ebene besonders erfolgreich sind oder weil eine Expansion wegen zu großem Kapitalbedarf abzulehnen ist.

Risikopolitik

Schließlich gehört zur grundsätzlichen Ausrichtung eines Unternehmens auch die Risikopolitik. Risiken können besonders bei großen Investitionen, Akquisitionen, langfristigen Strategien in der Entwicklung neuer Produkte oder beim Eintritt in neue Länder entstehen. Ein wichtiger Aspekt der Risikopolitik ist das Verhältnis von Eigen- zu Fremdkapital (hierauf werde ich im Rahmen des Kapitels Finanzpolitik noch zurückkommen).

Generell gilt: Je mehr es sich um ein Einzelunternehmen handelt oder um ein Unternehmen, das nur ein einziges Produkt herstellt, desto weniger kann man größere Risiken eingehen, da bei Ausbleiben des Erfolges das ganze Unternehmen untergehen kann. Je mehr es sich allerdings um große Firmen mit verschiedenen Produktgruppen und Tätigkeiten in verschiedenen Ländern handelt, desto mehr kann man sich Einzelrisiken leisten, weil in diesem Fall bei einem Misserfolg nicht das ganze Unternehmen zur Debatte steht.

Doch bei all dem gilt es zu beherzigen: Wer gar kein Risiko eingeht, geht am Schluss das größte Risiko ein!

Unternehmenspolitische Grundsätze

Auch die unternehmenspolitischen Grundsätze sind für die generelle Ausrichtung des Unternehmens wichtig. Ein Problem besteht allerdings darin, dass bei zu allgemeiner Formulierung dieser Grundsätze keine konkreten Wirkungen erzielt werden und man ähnliche Grundsätze bei anderen Firmen genauso findet. Wenn man andererseits zu konkret wird, besteht das Problem, dass der betreffende Grundsatz in Einzelsituationen nicht stimmt.

In dem von mir geleiteten Unternehmen habe ich einige wenige Grundsätze formuliert, die für alle Mitarbeiter und Führungskräfte verbindlich sind. Sie lauten:

1. Wir sind ein Unternehmen, das mehr menschen- und produktorientiert als systemorientiert ist.
2. Wir sind für eine langfristige Politik und nicht für eine kurzfristige Maximierung.
3. Wir sind eher für Dezentralisierung als Zentralisierung.

Hinsichtlich der Menschen- und Produktorientierung ist es selbstverständlich, dass wir Systeme brauchen, um große komplexe Organisationen zu managen. Es handelt sich hier also um eine Frage der Priorität. Auf keinen Fall dürfen Systeme ein Ziel in sich selbst werden. Die Orientierung zum Menschen (Führungskräfte, Mitarbeiter, Kunden und so weiter) ist heute zwar in aller Munde, wird aber selten konsequent angewandt. Die Grundhaltung vieler Manager entspringt eher ihrem Interesse an Systemen und Prozessen als einem wirklichen Interesse für Menschen.

Auch die langfristige Orientierung wird in offiziellen Statements immer wieder betont, aber aufgrund der opportunistischen Mentalität vieler Manager und des verstärkten Erwartungsdrucks der Finanzwelt oder des Wettbewerbs in der Praxis selten konsequent durchgeführt. Ich habe noch nie so viele kurzfristig denkende und handelnde Manager beobachtet wie seit der Zeit, als das Wort »Nachhaltigkeit« in Mode gekommen ist. Langfristiges Denken und Handeln ist auch deshalb wichtig, weil dadurch automatisch die soziale und ethische Verantwortung und die Imagebildung stärker berücksichtigt werden. Diese Punkte sind

für den langfristigen Erfolg des Unternehmens
wichtig – bei kurzfristigem Denken werden sie oft
vernachlässigt.

Die Politik der Dezentralisierung wird ebenfalls immer erwähnt und behauptet. Gleichzeitig
tendieren aber zentrale Stabseinheiten – gestützt
durch technologische Möglichkeiten (Informationstechnologie) – dazu, dass zu viel zentralisiert
wird. Vor allem die Globalisierung gibt den zentralen Einheiten zum Teil die Berechtigung und die
Begründung, mehr zu zentralisieren und weniger
an einzelne Märkte zu delegieren. Eine objektive
und nicht auf die Interessen einzelner Stabsabteilungen ausgerichtete Analyse, was zentral sein
soll und was dezentralisiert wird, ist ein wichtiger
Erfolgsfaktor für jedes Unternehmen. Im Zweifelsfall sollte man jedenfalls der Dezentralisierung
den Vorzug geben, weil sie mehr Identifikation der
Führungskräfte und Mitarbeiter in den Märkten
mit dem Unternehmen schafft sowie zu mehr Flexibilität und zu einer marktnäheren Politik führt.

Erwähnen möchte ich noch einen weiteren generellen Grundsatz, welcher heißt: das Unternehmen
mehr pragmatisch als dogmatisch führen. Der Vor-
rang des Pragmatismus darf aber nicht dazu führen, dass allgemeine ethische, soziale und ähnliche
Unternehmensgrundsätze vernachlässigt werden!

Da auf der Welt nichts ewigen Bestand hat,
möchte ich schließlich noch darauf hinweisen,
dass diese Grundausrichtungen und Grundsätze
von Zeit zu Zeit (aber nicht zu oft, jedenfalls nicht
mit jedem neuen Chef) überprüft werden müssen,

da sich die Welt, die Menschen, die Eigentümer, die Mitarbeiter, die Konsumenten, die Gesellschaft und auch die Technologien immer wieder ändern und diese Änderungen heute zum Teil dramatischer und schneller vor sich gehen als früher.

Kapitel 3

Unternehmensstrategie, Planung und Kontrolle

Strategie

»Strategie« ist ein Wort, das sehr unterschiedlich verwendet wird. Oft benutzen es auch diejenigen, welche gar keine klare Strategie haben, um damit einen unklaren Kurs zu verschleiern. Bei der Strategie geht es meines Erachtens um Folgendes: Sie soll aufzeigen, was und wohin man grundsätzlich will im Hinblick auf neue Produkte, neue Segmente, neue Märkte und auch wie man Marktanteile gewinnen möchte. Ferner geht es dabei um die Festlegung einer Balance zwischen langfristigen und kurzfristigen Maßnahmen und Investitionen, was eine der schwierigsten, aber wichtigsten Entscheidungen darstellt. Mit anderen Worten: Mit Strategie oder strategischen Maßnahmen will man den Krieg gewinnen und nicht nur eine Schlacht. Von den Militärstrategen kann man hierzu manches, wenn auch nicht alles lernen. Oft werden auch Strategie und Taktik verwechselt. Clausewitz hat dazu ganz richtig gesagt: »Taktik ist defensiv, Strategie ist offensiv.«

Generell sollten zum Thema Strategie, wie der

St. Galler Professor Dr. Fredmund Malik 2005 in seinem Buch *Management – Das A und O des Handwerks* auf Seite 168 f. ausführte, drei Fragen gestellt werden:

»1. Was benötigt der Markt, oder: Was benötigt der Kunde?
2. Worin besteht unsere Überlegenheit, oder: Was können wir besser als andere?
3. Woher kommt unsere Kraft, oder: Woran glauben wir?«

Zur strategischen Ausrichtung gehören auch Forschungs- und Innovationspolitik und Standortfragen, Organisationsstruktur, Management-Development und personalpolitische Fragen. Im Prinzip gibt es also in allen Sektoren des Unternehmens einen Bedarf für strategische Überlegungen (auf einzelne dieser Punkte komme ich im Rahmen der folgenden Kapitel noch zurück). Im Unternehmensalltag muss immer die Frage gestellt werden: Was ist wichtig? Was gehört zur Strategie, und was gehört zu den laufenden Aufgaben? Häufig werden die kurzfristigen operativen Aufgaben zu stark betont, und das Management beschäftigt sich aus Zeitgründen oder wegen aktueller Anforderungen zu wenig mit den Strategien.

Hinsichtlich der Unternehmenspolitik, insbesondere aber der Strategie, müssen oft zwei gegensätzliche Gesichtspunkte in eine Balance gebracht werden, und zwar auf den folgenden sieben Gebieten:

1. langfristige versus kurzfristige Aspekte,
2. Zentralisierung versus Dezentralisierung,
3. Marketing versus Controlling (Spending or Saving),
4. Vielfalt (Diversifikation) versus Focusing,
5. die Notwendigkeit von Regelungen und Vorschriften versus die Gewährung von individuellem Spielraum,
6. Leistung und Wettbewerbsorientierung (besonders in der Personal- und Gehaltspolitik) versus soziale Verantwortung und sozialer Schutz,
7. nationale und kulturelle Identität des Unternehmens versus internationale Ansprüche und weltweite Aktivitäten.

Eine optimale Balance zwischen diesen Gesichtspunkten ist einer der wichtigsten Erfolgsfaktoren für ein Unternehmen. Es gilt, sie bei allen Entscheidungen, auch und vor allem den strategischen, im Auge zu behalten.

Ein wichtiger von mir entwickelter Leitsatz bei der Entwicklung von Strategie heißt: »Be first, be daring, be different.« Wenn Sie auf einem Gebiet, mit einem Produkt oder einem System der Erste sind und dann Ihre Erkenntnis rasch im Unternehmen umsetzen, sind Sie ganz einfach Ihren Mitkonkurrenten gegenüber erfolgreicher. Ein gewisses Maß an Wagemut gehört zum Unternehmertum, und ohne dies werden Sie sich nicht langfristig erfolgreich entwickeln. Sich zu unterscheiden (»to be different«), ist ein ganz wichtiger Erfolgsfaktor. Wenn Sie nur machen, was alle anderen auch machen, werden Sie es schwerer haben. Hier besteht unter anderem die Gefahr, dass bei allen Konkurrenten und in allen Großunternehmen die gleichen Analysten, die gleichen Marktforscher mit den gleichen Ansätzen tätig sind und damit eine ähnliche Denkweise herrscht. So kommen also alle zu denselben Schlussfolgerungen, was sie von ihrer Konkurrenz nicht unterscheidet. Hier muss daher die Komponente Kreativität (neue Lösungen durch neue Wege und Ideen oder spezifische Forschung, die einen von den anderen unterscheidet) als entscheidender Erfolgsfaktor hinzukommen.

Selbstverständlich muss eine Strategie ständig darauf überprüft werden, ob mit ihrer Hilfe die langfristigen Ertragszahlen erreicht werden können. Zur Errechnung der Rentabilität stehen viele Modelle zur Verfügung – von der einfachen Ermittlung der Rückzahlungsperiode einer Investition bis zum Discounted Cashflow. In der Regel wird diesen Berechnungsmethoden allerdings zu viel Bedeutung beigemessen, während die Annahmen, die den Berechnungen zugrunde liegen, eigentlich entscheidend sind. Hier bestehen auch die größten Unsicherheiten. Es ist zum Beispiel schwierig, den Wert einer Marke, die man erwirbt, genau zu definieren. Auch das Know-how einer Firma und die Qualität des Führungspersonals können meistens nicht exakt beziffert werden.

Eine weitere Frage besteht darin, welche Wachstumsstrategie verfolgt wird. Das heißt vor allem: Wollen Sie hauptsächlich durch internes Wachstum wachsen oder auch durch Akquisitionen?

Internes Wachstum

Generell halte ich internes Wachstum für wichtig, weil es zeigt, dass im Unternehmen Innovationskraft und Dynamik herrschen. Internes Wachstum wird durch die folgenden Maßnahmen erzielt:

- Stärkung von Positionen bei einzelnen Produktgruppen, in denen das Unternehmen noch nicht den angestrebten Marktanteil hat;
- Förderung des generellen Wachstums von Produktgruppen (besonders solcher, bei denen man Marktführer ist);
- Verstärkung der Position des Unternehmens in einzelnen Ländern, in denen es noch unterentwickelt ist;
- Eintritt des Unternehmens in neue Länder.

Ferner wird Wachstum durch neue Produkte und Innovation erzielt. Vergessen sollte man hierbei nicht die Renovation, das heißt die qualitative Verbesserung bestimmter Produkte oder das Eingehen auf neue Konsumententrends, was beispielsweise im Sektor Nahrungs- und Genussmittelindustrie nicht vernachlässigt werden darf. Natürlich geht das alles nicht ohne langfristige Investitionen, die sich oft über Jahre erstrecken müssen. Es handelt sich dabei vorwiegend um Investitionen in die Forschung, in das Marketing und auch in die notwendige Manpower, welche für das Wachstum notwendig ist. Überhaupt müssen zukunftsträchtige Investitionen auf allen Gebieten immer gefördert und erhöht werden, während man versuchen muss, die laufenden operativen und administrativen Kosten zu reduzieren. Als ich bei *Nestlé* die Konzernleitung übernahm, bestanden beispielsweise die zentralen Kosten zu einem Drittel aus Forschung und zu zwei Dritteln aus Kosten für die Administration. Innerhalb weniger Jahre ist es mir gelungen, den Prozentsatz aller Kosten im Verhältnis zum Umsatz zu reduzieren. Gleichzeitig konnte ich das Verhältnis von Forschungskosten zu anderen Kosten in zwei Drittel zu einem Drittel umzukehren.

Akquisitionen

Andererseits können Akquisitionen wichtige strategische Ziele, zum Beispiel den Eintritt des Unternehmens in neue Länder oder in neue Produktfelder, abkürzen, wenn der eigene Weg zu lange dauert. Hier sind also oft Zeitfaktoren gegen den Preis für Akquisitionen abzuwägen.

Ich habe zum Beispiel zu Beginn meiner Tätigkeit an der Konzernspitze von *Nestlé* – nach Konsolidierung der Finanzen und einer generellen Verbesserung der Ertragskraft – eine dynamischere Wachstumsstrategie eingeleitet. Es ging damals (Anfang der achtziger Jahre) darum, ob *Nestlé* im normalen bisherigen Rhythmus weiter wachsen oder begreifen würde, dass im Hinblick auf die zunehmende Globalisierung, das vorauszusehende enorme Wachstum der Entwicklungsländer von Asien bis Lateinamerika und das zu erwartende Auftreten neuer Global Players der Zeitpunkt gekommen war, das Unternehmen in eine neue Dimension zu führen und hinsichtlich der zukünftigen Größe und Verteilung des Nahrungs- und Genussmittelmarktes die führende Rolle zu spielen. Es gab damals einige Regionen wie zum Beispiel die USA, in denen *Nestlé* noch verhältnismäßig schwach präsent war.

Wir entschieden uns dann für die dynamischere Variante – mit dem Erfolg, dass wir heute unbestritten und mit Abstand die Nummer eins in der Nahrungs- und Genussmittelbranche sind.

Unserer Entscheidung folgte eine Reihe von Akquisitionen zur Stärkung von Landespositionen etwa in den USA. Ihr folgte auch der Eintritt in Produktfelder oder deren Verstärkung. Sie waren für das zukünftige Wachstum wichtig, wie zum Beispiel Mineralwasser, Pet-Food, die modernen Verzehrformen auf dem Süßwarenmarkt (Schokoladenriegel), Eiskrem, Produkte für den Großverbrauchersektor und so weiter. Wir haben bei diesen Aktivitäten die Erfahrung gemacht, dass nicht immer die preisgünstigste Firma die beste und rentabelste für uns war. Im Gegenteil: Wir haben gesehen, dass die am teuersten erscheinenden Firmen ökonomisch gesehen schließlich die richtige Wahl waren.

Neben den Akquisitionen haben wir uns aber auch von Geschäften getrennt, die kein Wachstum mehr versprachen oder nicht zu uns passten, zum Beispiel einfache Commodity-Produkte (wie Nasskonserven) oder Beteiligungen an Restaurants, Hotelketten oder Catering-Unternehmen.

Zum Thema Akquisitionen noch eine Bemerkung: Im Allgemeinen werden vor der Entscheidung zur Akquisition umfangreiche Dokumente angefertigt und Analysen vorgenommen, einerseits von Marketingexperten und andererseits vom Finanzsektor. Ich habe jedoch die Erfahrung gemacht, dass zur Beurteilung einer Akquisition in der Regel wenige Dokumente, Berechnungen und Analysen ausreichend sind. Denn einerseits sind diese Analysen hinsichtlich ihrer Aussagekraft für die Zukunft ohnehin von begrenztem Wert, andererseits sind die wichtigen Fragen, auf die es ankommt – Wert der Marke (wie bereits erwähnt), Marktpositionen, zukünftige Strategien – mit wesentlich weniger Papier zu erfassen, als gemeinhin dafür aufgewendet wird.

In diesem Zusammenhang erlaube ich mir eine Bemerkung zu der meines Erachtens zu umfangreichen und zu kostspieligen Nutzung des Investment-Bankings. Natürlich braucht man dessen Know-how und Beratung. Aber es ist unglaublich, welche Summen heute dafür ausgegeben werden und wie wenig sie letzten Endes zum Erfolg einer Akquisition beitragen können. Der Erfolg einer Akquisition hängt letztlich viel mehr davon ab, was man anschließend mit ihr macht. Die Integration einer akquirierten Firma in den Konzern bedarf großer Behutsamkeit, Fingerspitzengefühls und psychologischen Einfühlungsvermögens. Ich bin bei allen Akquisitionen, die ich verantwortet habe, sofort an Ort und Stelle gewesen, habe mit den Führungskräften und den Mitarbeitern gesprochen und ihnen Vertrauen vermittelt, habe

Zukunftschancen auch für die Mitarbeiter aufgezeigt.

Zu diesem psychologischen Vorgehen gehört, dass man den Führungskräften des neuen Unternehmens auch in entscheidenden Positionen Chancen gibt und sie nicht als zweitklassig behandelt. Dies stärkt das Vertrauen und die positive Einstellung zum neuen Konzern. Wichtig ist auch, dass nicht alle zentralen Stäbe sofort über die neue Firma herfallen und dort zeigen wollen, wie alles besser gemacht wird.

In vielen Unternehmen hat sich immer wieder gezeigt, dass Akquisitionen deshalb schief gegangen sind, weil man anschließend alle Fehler gemacht hat, die man machen kann.

Allianzen

Als eine weitere Möglichkeit der Strategie werden oft Allianzen diskutiert. Soll man sie eingehen oder nicht? Hier rate ich zur Vorsicht, weil Allianzen schwierig zu managen sind (man teilt die Macht, man teilt den Gewinn, und man hat vielleicht unterschiedliche Strategien). Oft sind Allianzen auch ein bequemer Ausweg, weil man nicht in der Lage ist, ein Problem alleine zu lösen. Schon Schiller hat gesagt: »Der Starke ist am mächtigsten allein.« Andererseits gibt es Fälle – solche sind auch in meiner Unternehmenslaufbahn vorgekommen –, in denen Allianzen nach Abwägung aller Dinge das beste Mittel sind, ein bestimmtes Ziel zu erreichen. Ich habe zum Beispiel seiner Zeit ein

Joint Venture mit *General Mills*, USA, zur gemeinsamen Produktion und dem Vertrieb von Cerealien
vereinbart. Dies war notwendig, weil wir in der
Vergangenheit diesen wachstumsträchtigen Markt
vernachlässigt hatten und der Aufbau von Know-
how Jahre gedauert hätte. Diese Zeit hatten wir
aber nicht mehr, wenn wir noch rechtzeitig dabei
sein wollten. Andererseits hat *General Mills* sich
durch diese Vereinbarung automatisch den nicht-
amerikanischen Markt erschlossen, weil die Ver-
wendung unserer Vertriebsorganisationen weltweit sowie die Nutzung der Marke *Nestlé* für die
internationale Ausweitung für *General Mills* einen
unschätzbaren Wert hatten.

Strategie und Globalisierung

Die strategischen Überlegungen von Unternehmen
müssen der zunehmenden Globalisierung Rechnung tragen. Die Globalisierung bringt generell
eine Verschärfung des Wettbewerbs sowie eine
Zunahme der internationalen Tätigkeit mit sich.
Sie bedeutet – nebenbei bemerkt – auch, dass die
internationalen Konzerne mit ihrer globalen Tätigkeit einen nicht zu unterschätzenden Beitrag zum
weltweiten Transfer von Technologien wie auch
zur Verständigung unter verschiedenen Kulturen
und Regionen leisten. Oft wird bei weltweiter
Tätigkeit vergessen, dass die Führungskräfte, die
in die einzelnen Märkte geschickt werden, besser
vorbereitet werden müssen. Das betrifft sowohl
mentale Einstellungen wie auch eine konkretere

Kenntnis der verschiedenen Märkte, Traditionen, der Gesetzgebung und so weiter. Dies erfordert auch einen intensiveren Austausch zwischen Führungskräften der einzelnen Märkte und der Zentrale. *Nestlé* war in dieser Beziehung, glaube ich, immer beispielhaft. Die Belegschaft der *Nestlé*-Konzernzentrale setzt sich aus über 80 verschiedenen Nationalitäten zusammen, und in den Märkten legen wir Wert darauf, dass einerseits die lokalen Kräfte gefördert und in wichtige Positionen gebracht werden, dass aber andererseits auch international erfahrene *Nestlé*-Führungskräfte in dem jeweiligen Management sind. Wichtig ist es auch, bezüglich der Bezahlung und Behandlung des internationalen Personals, also der »Expatriates«, klare Regelungen zu haben. Einerseits sollen sie sich weitgehend den lokalen Bedingungen und Gewohnheiten anpassen, andererseits brauchen sie eine zusätzliche Absicherung und Vergütung einschließlich Pensionsbedingungen, um den besonderen an sie gestellten Anforderungen gerecht zu werden. Die Globalisierung sowie der weltweit zunehmende Freihandel führen ferner dazu, dass Produktionsstätten und Absatzmärkte stärker auseinanderfallen, weil ja bekanntlich die Produktion mehr und mehr dorthin verlagert wird, wo die Bedingungen am günstigsten sind.

Bei einem multinationalen Konzern stellt sich immer wieder die Frage: Was soll global entschieden und festgelegt werden, und wo sind lokale Anpassungen notwendig? Generell gilt, dass eine Unternehmensstrategie konsistent ist und in allen Teilmärkten ihre Umsetzung finden muss, während operative Tätigkeiten eher eine lokale Anpassung erfordern. Dies gilt besonders für die Personalpolitik, das Marketing und Arbeitnehmerbeziehungen. Generell sagt man ja: »Think global, act local.« Bei *Nestlé* ist noch hinzuzufügen: »local commitment«, das heißt, dass wir in bestimmten Ländern keine Aktivitäten entfalten sollten, die nicht für das Land nützlich sind. Bei den lokalen Anpassungen sind in der Nahrungs- und Genussmittelindustrie auch Geschmacks- und Rezepturanpassungen notwendig, weil die Konsumgewohnheiten in den einzelnen Ländern doch sehr unterschiedlich sind. So mag der Konsument in Deutschland und Nordeuropa zum Beispiel Kaffee, der eine feine Säure enthält und weniger stark geröstet ist, während man im Süden Europas eine stark geröstete Bohne der Sorte »Robusta« bevorzugt. In Ländern, in denen traditionell Tee getrunken wird, werden generell mildere Kaffeesorten geschätzt, und den in den USA konsumierten Kaffee kann man aus europäischer Sicht eher als »Hot Softdrink« bezeichnen.

Planung

Der Schriftsteller Friedrich Dürrenmatt hat einmal gesagt: »Je planmäßiger die Menschen vorgehen, desto wirksamer vermag sie der Zufall zu treffen.« Dies ist leider wahr. Schließlich geht es aber nicht anders, als dass die generelle Strategie in konkrete

Planung umgesetzt wird. Neben der ständig statt-
findenden kurzfristigen Planung für die nächsten
Wochen und Monate, die in allen Unternehmen
stattfindet, ist eine Jahresplanung sinnvoll. Daneben müssen natürlich langfristige Überlegungen
angestellt und Entscheidungen getroffen werden,
besonders, wo es sich um Investitionen in den
Markt, in Anlagen, in neue Produktzweige oder in
neue Länder handelt.

Nützlich sind auch oft Aktionspläne, mit denen man Strategien diskutiert (wie beispielsweise
Worst-Case-Szenarien). Im Übrigen sollten langfristige Pläne nicht nur vorwärtsgerichtete Strategien für Wachstumsphasen enthalten, sondern
eventuell auch notwendige Portfoliooptimierungen
und Divestments, bis hin zur Aufgabe ganzer Geschäftszweige. Beim letzteren Punkt bin ich aber
der Meinung, dass man einen solchen Schritt nicht
zu rasch entscheiden sollte, nur weil interne oder
externe Finanzanalysten im Augenblick mit der
Rentabilität nicht zufrieden sind. Zunächst muss
man Strategien prüfen, die zur Verbesserung der
Rentabilität führen können. In diesem Zusammenhang sei noch angefügt, dass Markterfolg und
Unternehmenserfolg ja oft gleichgesetzt werden.
Dabei sollte nie außer Acht gelassen werden, dass
ein Unternehmen nicht nur auf den Absatzmärkten
mit anderen Unternehmen im Wettbewerb steht,
sondern von ausreichend guten Resultaten auf
allen maßgeblichen Märkten abhängt, auf denen
es agiert: Absatzmarkt, Beschaffungsmarkt, Per-
sonalmarkt und Kapitalmarkt.

Wer soll nun planen, und wie langfristig soll geplant werden? Grundsätzlich gilt hier, dass nach Möglichkeit die konkret verantwortlichen Manager planen sollen und nicht irgendeine Stabsabteilung für Planung. Stabsabteilungen können zuarbeiten, sie können die Planungsmethode entwerfen und schließlich die Pläne aller Unternehmensteile zusammenrechnen und kommentieren.

Die Länge der Vorausplanung richtet sich nach dem Projekt oder Gegenstand. Ich muss also grundsätzlich so lange planen, wie es für die Entscheidung erforderlich ist. Die folgende Grafik versucht zu erläutern, wer planen soll und über welchen Zeitraum.

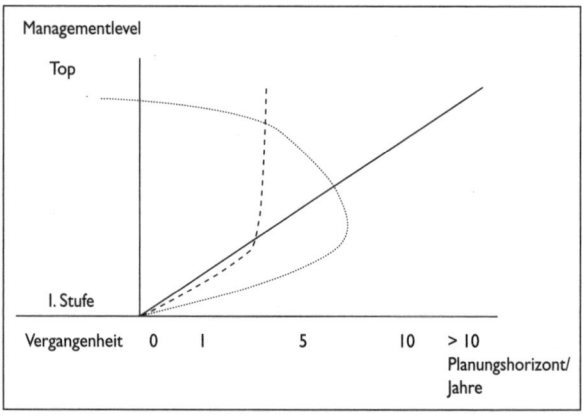

Sie zeigt, dass das Topmanagement bei der Planung um so mehr gefordert ist, je länger die Zeiträume und je größer die Beträge sind, die anstehen. Die von links unten nach rechts oben gehende Gerade ist die ideale Linie. Leider trifft man auch oft die beiden gestrichelten Linien an, die zeigen, dass in manchen Unternehmen niemand länger als vielleicht ein oder zwei Jahre denkt, und dass es im Übrigen an der Spitze oft Verantwortliche gibt, die nur noch nostalgisch in der Vergangenheit denken. Hier ist dann der Aufsichtsrat gefordert, schnell zu handeln.

Generell werden beim Planen folgende Fehler gemacht:

1. Es wird zu viel die Vergangenheit fortgeschrieben und zu wenig Neues gedacht.
2. Die Pläne enthalten zu viele Zahlen und Quantifizierungen, die schnell überholt sind, und zu wenig qualitative Überlegungen.

Beim Planungsprozess stellt sich immer die Frage: Wie ist beim Planen das beste Verhältnis von Top-down zu Bottom-up? Ich glaube, beim Planen muss ein ständiger Informationsfluss von oben nach unten und von unten nach oben stattfinden. Reine Top-down-Ziele sind oft zu abstrakt und theoretisch und berücksichtigen nicht die realistische Möglichkeit, solche Ziele zu erfüllen. Mit der abstrakten, von oben verordneten Zielsetzung, beispielsweise im nächsten Jahr 12 Prozent mehr zu verkaufen oder den Absatz in fünf Jahren zu verdoppeln, hat man noch kein einziges Glas *Nescafé* mehr verkauft! Andererseits haben die Bottom-up-Pläne oft den Nachteil, dass Sie zu detailliert erstellt werden und dass jede Hierarchiestufe Reserven einbaut.

Generell ist es wichtig, dass Wunschdenken

oder übertriebener Optimismus nicht um sich greifen. Der Nationalökonom und Soziologe Max Weber hat in seinem Vortrag *Politik als Beruf* von 1919 gesagt: Wir brauchen »die geschulte Rücksichtslosigkeit des Blickes in die Realitäten des Lebens«. Wenn man die Pläne eines Unternehmens und die der Konkurrenz zusammenzählt, kommt man wahrscheinlich sehr oft auf den doppelten Gesamtumsatz im Markt im Verhältnis zu dem, was möglich ist!

Kontrolle

Wir haben heute in jedem Unternehmen irgendeine Form von Controlling. Dazu gehört auch die Ausarbeitung des Planungssystems und die Plankoordination und natürlich die Kontrolle des Geschäftsverlaufs und der Planabweichungen. Hier stellt sich oft die Frage des Maßes: Bis zu welcher Hierarchiestufe sollen bestimmte Informationen gehen? Ich bin in diesem Zusammenhang für eine möglichst breite Informationspyramide, um das Topmanagement nur mit den wichtigsten Informationen oder den größten Planabweichungen zu versorgen. Anderenfalls ist das Prinzip von Delegation und Dezentralisierung gefährdet. Eine Gefahr besteht heute auch durch die Möglichkeit, mit dem ganzen Unternehmen und allen Betriebsstätten stets online verbunden zu sein, was dann einzelne Leute in der Zentrale dazu verführen kann, sich kurzfristig und im Detail Informationen von Tochtergesellschaften oder Betriebsstätten zu beschaffen.

Wichtig ist in diesem Zusammenhang auch eine selektive Kontrolle, nämlich nur da, wo die größten Abweichungen zum Plan oder zum Vorjahr festgestellt werden. Man sollte also die Kontrolle möglichst auf ein Minimum beschränken, aber dann bei den neuralgischen Punkten tiefer nachhaken.

Darüber hinaus stellt sich die Frage, wie oft und in welchen Zeitabständen kontrolliert werden soll. Die generelle Kontrolle, also die so genannte Budgetkontrolle, sollte während eines Jahres nicht allzu oft stattfinden. Essenzielle Punkte oder Fakten, die sich kurzfristig ändern und eine starke Auswirkung auf das Gesamtergebnis haben, sollte man aber möglichst oft kontrollieren (im Fall von *Nestlé* beispielsweise die Rohstoffpreise, die Rohstoffbestände sowie natürlich die Umsätze, die Marktanteile oder Verkäufe pro Land oder pro Kunde).

Der Vollständigkeit halber erwähne ich, dass zum Controlling letztlich auch die interne Auditing-Abteilung gehört sowie die Kontrolle durch die Wirtschaftsprüfer. Bei *Nestlé* hat die interne Auditing-Abteilung vor allem die Aufgabe, die vorhandenen Systeme und Regeln zu kontrollieren sowie Fehlleistungen festzustellen. Ein weitergehendes, so genanntes Management-Audit ist für diese Abteilung jedoch sehr schwierig, da sie in der Regel mit jungen, noch unerfahrenen, wenn auch gut ausgebildeten Mitarbeitern besetzt ist.

Bei *Nestlé* ist die Auditing-Abteilung zwar eine hervorragende Stätte, aus der Leute später in Managementpositionen rekrutiert werden. Allerdings muss das eigentliche Management-Audit durch das Management selbst erfolgen. Hier sind die Fachabteilungen für die Revision überfordert!

Abschließend noch ein ganz wichtiger Punkt: Die ausgeklügeltsten Informations- und Kontrollsysteme können nie den persönlichen Kontakt zu den Mitarbeitern und den Besuch von Betriebsstätten und Tochtergesellschaften ersetzen!

Kapitel 4

Die wichtigsten Aufgaben der Unternehmensführung

Einige Leser mögen darüber verwundert sein, dass ich diesem Thema ein eigenes Kapitel widme. Denn heute scheint doch jeder zu wissen, was die Aufgaben der Unternehmensführung sind – nämlich: Festlegung der Unternehmensstrategie einschließlich der Gesamtplanung und Kontrolle, die direkte Führung der direkt zugeordneten Bereiche und Abteilungen, die Koordination der verschiedenen Unternehmensbereiche sowie generelle Fragen der Arbeitnehmerbeziehungen und der Beziehungen zu den Gewerkschaften.

Heutzutage ist auch jeder überzeugt, dass Management-Development eine der wichtigsten Aufgaben der Unternehmensführung ist, darüber hinaus natürlich auch die Festlegung der Organisationstuktur und Fragen der Corporate Governance. Zur Corporate Governance gehören selbstverständlich auch die Aufgaben und die Beziehungen zum Aufsichtsrat und zu den Aktionären. Oft wird allerdings etwas vergessen, was von großer Bedeutung ist, nämlich der Einfluss der Unternehmensführung auf die Unternehmenskultur und den Stil des Unternehmens.

Sodann hat die Unternehmensführung die an sich selbstverständliche Aufgabe, alle wichtigen Entscheidungen zu treffen, soweit sie eben nicht auf die nächste Führungsebene delegierbar sind.

Bei den immer schneller eintretenden Veränderungen – technologisch, wirtschaftlich und auch hinsichtlich der Konsumententrends – ist Change-Management eine wichtige Führungsaufgabe geworden. Es ist ferner Aufgabe der obersten Unternehmensführung, krisenhafte Erscheinungen zu bewältigen. Dies also aus meiner Sicht die wichtigsten nach innen wirkenden Aufgaben der Unternehmensführung.

Immer wichtiger werden zudem Aufgaben, die nach außen wirken. Dazu gehört die Öffentlichkeitsarbeit in all ihren Facetten. Die zunehmende Bedeutung der Finanzwelt und die heutigen Anforderungen der Investoren haben die Investor-Relations zu einer wichtigen Aufgabe der Unternehmensführung gemacht. Und die Mitwirkung an der Verbandsarbeit sowie anderen Interessenvertretungen gehört heute ebenfalls zu den alltäglichen Aufgaben.

Neben ihrer Hauptaufgabe, nämlich das Unternehmen erfolgreich zu führen, sollten sich die Unternehmer auch als Einzelpersönlichkeiten verpflichtet fühlen, sich für allgemeine politische und wirtschaftliche Probleme zu interessieren und dazu auch in der Öffentlichkeit Stellung zu nehmen. Etwas mehr Mut und Engagement wären hier jedenfalls wünschenswert. Wir können die öffentlichen Diskussionen nicht allein der

Politik und anderen gesellschaftlichen Gruppierungen überlassen.

Eine bedeutende Herausforderung für alle Unternehmer ist heutzutage, die optimal wirksame Balance zwischen den nach innen und nach außen gerichteten Aufgaben zu halten. Dies ist nicht immer einfach.

Eine andere Aufgabe der Unternehmensführung ist das ständige Abwägen zwischen kurzfristigen Interessen und langfristigen Überlegungen.

Ferner ist es wichtig, einen objektiven Blick auf die im Unternehmen anstehenden Aufgaben zu haben. Auch Unternehmer haben gewisse Lieblingsbeschäftigungen und Vorlieben und neigen dazu, ihrem eigenen Fachgebiet, mit dem sie hervorragend vertraut sind, ein besonderes Gewicht zu geben. Das ist nur menschlich, diese subjektiven Vorlieben müssen aber im Interesse der Gesamtverantwortung in Grenzen gehalten werden. Manche Unternehmer verwenden auch zu viel Zeit für die an sich ebenfalls notwendigen kulturellen Belange, für Sponsoring und für gesellschaftliche Verpflichtungen. Hier spielen oft Eitelkeiten eine gewisse Rolle. Einer meiner früheren Vorgesetzten hat einmal den Spruch geprägt: »Der Mensch besteht aus der Summe seiner Fähigkeiten abzüglich der Summe seiner Eitelkeiten, und der Saldo ist in der Regel negativ.« Ich sage immer: »Wenn die Nebenkriegsschauplätze zu den Hauptkriegsschauplätzen werden, ist das Unternehmen in Gefahr.«

Eine wichtige Frage ist auch, wie viel Mandate in anderen Unternehmen ein Unternehmensführer wahrnehmen soll. Einerseits scheinen mir viele andere Mandate zwar vorteilhaft für das Unternehmen zu sein, weil sich hierdurch neue Anregungen, neue Kontakte und Verbindungen ergeben, andererseits darf der Zeitaufwand gerade hinsichtlich der heutigen großen sonstigen Anforderungen an den Unternehmer nicht zu groß werden.

Bei all diesen Fragen kommen wir immer wieder an einen sehr wichtigen Punkt: dass nämlich der Unternehmer ständig überlegen muss, wofür er seine Zeit aufwendet. Oft wird man feststellen, dass der Zeitaufwand für einzelne Tätigkeiten nicht mit deren Wichtigkeit für das Unternehmen übereinstimmt. Das ständige Setzen von Prioritäten ist nicht einfach, muss aber gemacht werden. Hierzu gehört auch die Frage, wie viel Zeit man für Konferenzen, Managementkomitees und andere Besprechungen aufwendet. Dazu ist es notwendig, dass Besprechungen und Managementsitzungen gut geplant und geleitet werden und ergebnis- bzw. entscheidungsorientiert ablaufen. Der amerikanische Komödiant Milton Berle hat dazu einmal gesagt: »Committee: a group of men who keep minutes and waste hours«.

Man muss den Tagesablauf auch ein bisschen planen (zum Beispiel bis zehn Uhr keine Gespräche und Anrufe, Besprechungstermine hauptsächlich montags und freitags und so weiter). Eine neue Form von Zeitverschwendung droht durch die Flut von E-Mails, in denen man – neben einem Dutzend anderer – unter »cc« gesetzt wird, wodurch viel Zeit für andere wichtige Dinge im Unternehmen verloren geht. Es ist immer wieder die entscheidende Frage, inwieweit man Getriebener ist und wieweit man selber steuert. Dazu gehört auch das Berichtswesen. Natürlich ist das Lesen von Berichten, Daten und so weiter ein notwendiger Arbeitsaufwand. Das Berichtswesen muss aber zunächst, und das ist von großer Bedeutung, der Wichtigkeit der Berichte beziehungsweise deren Abweichungen vom normalen Geschehen entsprechend pyramidal aufgebaut worden sein. Im Übrigen sollte man sich bezüglich der notwendigen Informationen nicht allein auf Berichte verlassen. Man muss oft selber an den Ort des Geschehens und mit den Menschen sprechen. Gerade in einem multinationalen Unternehmen benötigt man viel Zeit, um die einzelnen Tochtergesellschaften, Fabriken sowie die dort arbeitenden Menschen zu sehen.

Ich war in meiner aktiven Zeit bei *Nestlé* circa Dreiviertel meiner Zeit auf der ganzen Welt unterwegs. Der persönliche Besuch vor Ort ist in vielerlei Hinsicht von großem Nutzen – gemäß dem Spruch: »Das Auge des Herrn macht die Wiesen fett«. Der Besuch des Unternehmenschefs in einer Tochtergesellschaft oder in einem Werk wirkt motivierend, und man verschafft sich viele konkrete Kenntnisse und Einblicke – sowohl von den Menschen als auch den Geschäftsabläufen und Vorkommnissen –, die man sonst nicht bekommen würde. Ich hatte für meine Reisen immer die folgende Richtschnur: Vor Ort wollte ich möglichst wenige Präsentationen und Charts sehen (diese Dinge konnte ich auf der Hinreise im Flugzeug lesen), dagegen wollte ich immer das Management und die Mitarbeiter sowie eventuell große Kunden treffen, ich wollte die Werke sehen, die Produkte, die wir dort verkauften, die Werbung, die wir dort für diese Produkte machten, sowie die Verkaufsstellen (in meinem Fall die Lebensmittelgeschäfte). Zusätzlich wollte ich immer einen Abend mit Geschäftspartnern oder wichtigen Persönlichkeiten aus dem wirtschaftlichen, politischen und gesellschaftlichen Umfeld verbringen.

In diesem Zusammenhang möchte ich gerne eine anekdotische Anmerkung mit Ihnen teilen: Wenn ich zu einer Tochtergesellschaft oder in ein Land kam und der dortige Marktchef mir schon gleich am Anfang erklärte, dass er hier der entscheidende Mann sei und das ganze Geschäft sowie die Kollegen voll im Griff habe, dann wusste ich, dass es sich um einen schwachen Marktchef handelte. Erklärte er dagegen, dass er alles nur im Team und mit kollegialem Führungsstil mache, dann wusste ich, dass das Verhalten dieses Burschen an der Grenze dessen eines Diktators lag. Im Übrigen habe ich meine Reisen immer mit dem Regionalchef gemacht, der für diesen Teil der Welt zuständig war, denn im Markt wurden dann oft direkt wichtige Entscheidungen getroffen, an denen der Regionalchef, der ja der eigentliche Vorgesetzte dieser Tochtergesellschaften war, auf jeden Fall beteiligt oder in die er zumindest eingebunden sein musste.

Eine zusätzliche zeitliche Anforderung ergibt sich, wenn man nach dem an sich richtigen Grundsatz handelt, für jeden zugänglich zu sein und ein offenes Ohr zu haben. Hier muss man vermeiden, dass einem jeder die Zeit stehlen kann, wenn es dafür keine echte persönliche oder sachliche Notwendigkeit gibt.

Die Führung von Einzelgesprächen kostet zwar meistens viel Zeit, ist aber oft sehr wichtig. Dabei kommt es besonders darauf an, dass man sich ganz auf den Mitarbeiter konzentriert, genau zuhört und ihm nicht Ungeduld und dadurch das Gefühl vermittelt, keine Zeit für seine Belange zu haben. In solchen Fällen kommt nämlich bei einem Gespräch überhaupt nichts heraus. Mir erzählen heute noch Mitarbeiter, was ich ihnen vor 20, 30 oder gar 40 Jahren einmal gesagt oder geraten habe, und dass es für sie von besonderer Bedeutung war. Signalisieren Sie Aufgeschlossenheit, Aufmerksamkeit, nehmen Sie sich die Zeit, hören Sie dem Mitarbeiter zu – das sind die Voraussetzungen für eine funktionierende Kommunikation.

Zu den Aufgaben eines Unternehmers und zu seiner Zeiteinteilung gehört auch der persönliche Arbeitsstil. Hierzu braucht man eine gute eigene Zeitplanung und vor allem eine gut organisierte und organisierende Assistentin. Ich persönlich habe dagegen nie mit einem Assistenten oder mit persönlichen Stäben gearbeitet (ausgenommen eine gute Sekretärin/Assistentin), sondern immer direkt mit der normalen Struktur, mit den Leitern der einzelnen Bereiche. Oft habe ich dann einen der Bereichsleiter mit der Federführung eines bestimmten Projektes betraut, was viel motivierender ist, als alles über persönliche Stäbe zu bearbeiten.

Eine wichtige Aufgabe ist aus meiner Erfahrung, Gegengewichte zu setzen und Dinge stärker zu betonen, ihnen mehr Bedeutung zu geben, wenn diese Gebiete in einem Unternehmen eher unterentwickelt sind. In einem überorganisierten und überregulierten Unternehmen muss man gegen die Bürokratie angehen und ihr Gewicht nehmen. Wo aber nichts geregelt ist und große Schlamperei herrscht, muss man Systeme und Regeln schaffen und auf konsequente Einhaltung bestehen.

Die ständig notwendige Festsetzung von Prioritäten muss immer wieder an wechselnde Situationen angepasst werden. Zum Beispiel ändern sich Prioritäten im Jahresverlauf, bei einer Krise, bei Sanierungen oder wenn es darum geht, Veränderungen in den Mentalitäten und in den Köpfen zu bewirken, was bekanntlich sehr viel Zeit und persönlichen Einsatz erfordert. In einer verstärkten Investitionsphase oder bei Akquisitionen muss dafür mehr Zeit aufgewendet werden, als wenn man sich in einer Optimierungsphase befindet.

Unterschiedliche Aufgaben, auch in ihrer Gewichtung, ergeben sich für das Management schließlich und selbstverständlich je nach Unternehmensform, zum Beispiel Familienunternehmen, industrielle Unternehmen, Public Companies, internationale Unternehmen, Handelsunternehmen, Medienunternehmen und so weiter.

Alles in allem wird man sehen, dass es gar nicht so einfach ist, die vielen Aufgaben optimal wahrzunehmen. Das erfordert ständiges Nachdenken, Disziplin und gleichzeitig Flexibilität. Wie Bill Gore (Erfinder und Fabrikant von *Gore-Tex*) einmal gesagt hat: »Ein Spitzenplatz ist kein Rastplatz.«

Als ich mich von meiner aktiven Laufbahn verabschiedet habe, habe ich im Kreis der wichtigsten 300 Manager unseres Unternehmens gesagt: »Was immer Sie tun in der Entwicklung neuer Strategien, neuer Prozesse, der Verbesserung der Systeme, behalten Sie eines im Auge: ›Be close to your products, be close to your people and be close to your customers‹.« Wenn man dies befolgt, kann man schon nicht mehr alles falsch machen!

Kapitel 5

Der Unternehmer im Spannungsfeld unterschiedlicher Zielrichtungen und Wertvorstellungen

Der Unternehmer befindet sich heute in einem Dilemma. Es besteht darin, dass er sich einerseits mit einer ständigen Zunahme der gesellschaftlichen Anforderungen in Richtung Ethik, Ökologie, sozialem Verhalten (einschließlich Sponsoring und Unterstützung von karitativen Einrichtungen) konfrontiert sieht und dass andererseits die auf ihn einwirkenden Financial Pressures in Richtung Kurzfristigkeit, Orientierung am Shareholder-Value und Gewinnmaximierung zunehmen. Hier die richtige Mitte und Balance im Sinne einer langfristigen Unternehmenspolitik zu halten, ist nicht einfach, aber wichtig.

Bezüglich der unterschiedlichen Wertvorstellungen, mit denen ein Unternehmen ganz allgemein zu tun hat, verweise ich auf ein Buch des amerikanischen Professors James O'Toole mit dem Titel *The Executive's Compass: Business and the Good Society* von 1995. O'Toole weist darauf hin, dass es ständig gilt, vier Güter gegeneinander abzuwägen, die von unterschiedlichen Menschen und Gesellschaftsformen unterschiedlich gewichtet und beurteilt werden, nämlich: »Liberty« (Freiheit), »Equa-

lity« (Gleichheit), »Efficiency« (Effizienz) und
»Community« (Solidarität und soziales Verhalten).
Je nach Gewichtung dieser vier Aspekte haben wir
unterschiedliche gesellschaftspolitische Lösungen,
Verfassungen, politische Programme und Gesetz-
gebungen und schließlich dann auch unterschiedliche wertorientierte Führungssysteme. Im Übrigen
kann wertorientierte Führung nicht losgelöst sein
von der gegenwärtigen gesellschaftspolitischen Situation, von dem jetzigen Meinungsspektrum und
vom Zeitgeist. Anderseits soll Wertorientierung
aber auch nicht nur den Zeitgeist reflektieren,
sondern durchaus über den herrschenden Zeitgeist
hinausgehen. Irgendwo liegt Führung immer zwischen der Notwendigkeit von Toleranz einerseits
und der Ausübung von Autorität und Orientierung
andererseits. Sie ist eine Kunst, die sich in vielen
Spannungsfeldern bewähren muss.

Die ethische und soziale Verantwortung von Unternehmen

Um es gleich vorwegzunehmen und klar zu sagen:
Die wichtigste soziale und ethische Verantwortung
der Unternehmer ist es, langfristig am Markt und
im Wettbewerb erfolgreich zu sein und damit den
Ertrag des Unternehmens nachhaltig zu sichern.
Damit wird ein wichtiger Beitrag zum Wohlstand
und zum Gedeihen der Wirtschaft geleistet, wovon
letztlich alle profitieren. Ein gutes Unternehmen
zahlt damit auch die für die Gemeinschaftsauf-

gaben notwendigen Steuern, und schließlich werden über eine erfolgreiche Unternehmensführung auch die Arbeitsplätze gesichert, erhalten und vermehrt. Diese grundlegenden Aufgaben eines Unternehmens sind deshalb auch dessen wichtigste soziale und ethische Verantwortung.

Darüber hinaus ist aber meiner Meinung nach generell verantwortliches und ethisches Verhalten notwendig. Es genügt nicht nur, die Gesetze einzuhalten. Die Politik verantwortlicher Unternehmer dient der langfristigen Ertragsentwicklung und -optimierung anstelle von kurzfristiger Gewinnmaximierung. Und bei langfristiger Betrachtungsweise sind viele sozial, ethisch oder auch ökologisch begründete Maßnahmen, die bei kurzfristiger Gewinnmaximierung zunächst negativ betrachtet werden, für das Unternehmen sogar sinnvoll, entsprechen durchaus dem Unternehmensinteresse. Ohne eine langfristig orientierte Personal-, Sozial- und Investitionspolitik, ohne Ausbildung und Schulung der Mitarbeiter sowie ohne ein generell verantwortliches Verhalten gegenüber allen Stakeholdern wird ein Unternehmen langfristig nicht mehr erfolgreich sein.

Ein solches langfristig ausgerichtetes Verhalten ist auch deshalb im Interesse des Unternehmens, weil das Unternehmensimage und die Motivation der Mitarbeiter dadurch deutlich positiv beeinflusst werden – mit all den damit verbundenen Vorteilen für das Unternehmen im Markt und in der Gesellschaft. Und schließlich führt eine langfristige und verantwortliche Politik der Unternehmen auch zu mehr Akzeptanz unseres marktwirtschaftlichen und freiheitlichen Systems in der Bevölkerung.

Eine wirklich auf lange Sicht angelegte Unternehmenspolitik wird automatisch ethisch verantwortlich und sozial sein. Andererseits ist es aber auch notwendig, laufend Gewinne zu erzielen, weil anderenfalls langfristiges Denken und Handeln schwieriger werden. Wenn einem das Wasser bis zum Halse steht, hört das langfristige Denken auf. Und soweit soziale Verantwortung, soziales Verhalten und soziale Maßnahmen zu höheren Kosten führen, welche die Wettbewerbsfähigkeit des Unternehmens beeinträchtigen, sind hier Grenzen gesetzt, weil sonst das Unternehmen als Ganzes gefährdet würde, worunter dann ja schließlich alle Beteiligten leiden würden. Das heißt, dass wir alles tun müssen, um die Effizienz und die Wettbewerbsfähigkeit des Unternehmens zu erhöhen, weil nur dann gewährleistet wird, dass es langfristig bestehen bleibt, den Aktionären eine Rendite bringt und die Mitarbeiter ihre Beschäftigung behalten können. Wichtig ist, dass man kontinuierlich handelt und verbessert, ehe das Haus brennt, sonst wird die Situation wirklich schwierig – und dann wird keine Zeit mehr sein, die soziale Komponente ausreichend zu berücksichtigen.

Die langfristige soziale Verantwortung von Unternehmen steht heute vielfach auf dem Prüfstand, wenn durch den globalen Wettbewerb Restrukturierungsmaßnahmen, Rationalisierungen oder Betriebsverlagerungen auf der Tagesordnung stehen. Es kommt aber darauf an, *wie* man mit solchen

Fragen umgeht. Hier können eine ständige offene Information sowie sozial flankierende Maßnahmen helfen, das Ganze sozial verträglicher zu
machen. Solange das Unternehmen Gewinne erwirtschaftet, ist eine der sozial wirksamsten Maßnahmen die zeitliche Streckung der personellen
Veränderungen über einige Jahre, weil dann natürliche Fluktuation, Pensionierungen, Umschulungen und Versetzungen sehr positive Wirkung
entfalten können. Eine damit verbundene vorübergehende Gewinnminderung ist sicherlich die
beste Investition in die Motivation der Mitarbeiter
und das langfristige Image des Unternehmens. Jedenfalls sinnvoller als teure Broschüren über Human Relations mit dem üblichen Kernsatz: »Der
Mensch steht im Mittelpunkt.«

Für solche Maßnahmen möchte ich gerne zwei
Beispiele aus meinem Unternehmen *Nestlé* geben:

1. In Zusammenarbeit mit einem Beratungsunternehmen und aufgrund bestimmter organisatorischer Veränderungen ergab sich die Möglichkeit,
   die Mitarbeiterzahl in der Unternehmenszentrale in der Schweiz um etwa 10 Prozent zu
   reduzieren. Mein Rezept für diese sinnvolle
   Maßnahme: offene Information (Employee-
   Involvement), zeitliche Staffelung unter Ausnutzung der Umsetzungsmöglichkeiten und so
   weiter sowie Einbeziehung des natürlichen Personalabgangs durch Pensionierungen, sodass im
   Prinzip eigentlich niemandem betriebsbedingt
   gekündigt werden musste.

2. Ich habe einmal im britischen Grimsby eine Fabrik, die aus verschiedenen Gründen nicht mehr zu halten war, verschenkt, um dadurch einen Erwerber zu bekommen, der einen größeren Teil des Mitarbeiterstabes übernommen hat.

Auch Betriebsverlagerungen bringen nicht immer den gewünschten Effekt, weil neben den Lohnkosten viele Faktoren eine Rolle spielen – wie zum Beispiel Infrastruktur, Logistik, Arbeitsqualität und Rechtsordnung. Außerdem kommen oft die tüchtigsten Billiglohnländer aufgrund des steigenden Wohlstandes auch am schnellsten auf höhere Kostenniveaus (siehe Beispiel Japan und andere, die vor 20 Jahren eine echte Bedrohung für andere Märkte darstellten). Im Übrigen genügen oft Teilverlagerungen oder das Outsourcen einzelner Tätigkeiten, um wettbewerbsfähig zu bleiben. Das führt dann oft zu steigenden Umsätzen, wodurch auch die Zahl inländischer Arbeitsplätze auf gleichem Niveau gehalten werden oder sogar steigen kann.

Hier sei noch angemerkt, dass Maßnahmen, die von den Mitarbeitern Opfer verlangen – wie Personalreduzierungen, Lohnkürzungen, längere und flexiblere Arbeitszeiten –, besonders dann nicht verstanden werden, wenn gleichzeitig die Topgehälter steigen oder skandalträchtiges Verhalten zutage tritt. Solche Dinge beeinträchtigen die Akzeptanz unseres freiheitlichen marktwirtschaftlichen Wirtschaftssystems, an dessen Erhaltung wir alle interessiert sind. Man muss dazu allerdings

auch sagen, dass durch Medien oft ein falsches
Bild vermittelt wird, weil es sich bei solchen Fällen
eher um Einzelfälle handelt, während eine Vielzahl
von Unternehmern sich im Allgemeinen verant-
wortungsvoll verhält und Übertreibungen sowohl
in ihrem Einkommen als auch in ihrem Lebensstil
vermeidet.

Es gibt im Übrigen heute eine Vielzahl von Forderungen an die Unternehmen, besonders von den
auf die Zahl von etwa 30 000 gestiegenen internationalen NGOs, den Nichtstaatlichen Organisationen, mit denen sich die Unternehmen befassen
müssen. Jenseits aller definitorischen Unterschiede
ist der Trend eindeutig: Zwischen 1970 und 1995
hat sich die Zahl der NGOs mit konsultativem Status innerhalb der UN verfünffacht. Ich kann dies
hier nur kurz erwähnen. Es handelt sich um ökologische Fragen, Menschenrechte, Kinderarbeit,
weitere Demokratisierungs- und Mitbestimmungs-
rechte. Das sind wichtige Themen, die von Unternehmen im Dialog mit ihren konstruktiv argu-
mentierenden Kritikern behandelt werden sollten.
Leider gibt es jedoch auch Radikale, die sich einem
Dialog verschließen und deren Forderungen bis
hin zu einer totalen Ablehnung des Prozesses der
Globalisierung reichen.

Lassen Sie mich hier nur das Thema Kinderarbeit herausgreifen. Hier ist es wichtig, zu diffe-
renzieren. In vielen Ländern müssen die Kinder in
der einen oder anderen Form mitarbeiten, damit
die Familie sich ernähren kann. Fundamentale
Ablehnung von Kinderarbeit geht an der Realität

leider vorbei. Wenn es sich aber um Ausbeutung von Kindern unter schlechten und unwürdigen Bedingungen handelt, dann dürfen Unternehmen dies auf keinen Fall tolerieren, so wie sie es ablehnen müssen, von einem Unternehmen, welches diese Form von Kinderarbeit bei sich duldet, Waren zu beziehen. Um diese Prinzipien einzuhalten, ist es natürlich auch unerlässlich, eine entsprechende Kontrolle zu installieren und die eigenen Führungskräfte in diesen Ländern über die eigene Politik zu informieren. Es geht also immer wieder um das Abwägen im Gesamtinteresse und unter Berücksichtigung aller Faktoren – im Sinne der Unterscheidung von »Gesinnungs- und Verantwortungsethik«, welche Max Weber traf.

Kapitel 6

Unternehmenskultur und wertorientiertes Management

»Unternehmenskultur« und »wertorientiertes Management« sind Begriffe und Schlagworte, die sich durch die gesamte moderne Managementliteratur ziehen, in vielen so genannten Unternehmensbroschüren vorkommen und immer häufiger auch in den Geschäftsberichten anzutreffen sind. Selbstverständlich zieren sie auch die Reden von Unternehmensleitern, wenn diese bei besonderen Anlässen auftreten. Ich glaube, dass hinter dieser Entwicklung mehr steckt als nur eine der üblichen Modeerscheinungen.

Die Unternehmen merken mehr und mehr, dass ohne einen solchen »geistigen Überbau« Grundlagen, Maßstäbe und ein Gerippe fehlen, die für das langfristige Überleben eines Unternehmens entscheidend sind. Das heißt natürlich nicht, dass diese Dinge erst heute entwickelt werden und früher nicht als notwendig erachtet wurden. Ich glaube vielmehr, dass in allen erfolgreichen Firmen immer schon die wichtigsten Elemente dieser Grundlagen vorhanden waren, sei es durch das Wirken einer starken Eigentümerpersönlichkeit, durch eine gemeinsame Idee, beispielsweise in ei-

ner Genossenschaft, oder auch durch die Grund-
gedanken in einer Stiftung, wie zum Beispiel bei
Bosch. Natürlich waren diese Grundsätze nicht
immer und nicht vollständig schriftlich fixiert,
aber sie waren irgendwie gelebte Praxis. Schon der
Gründer des Benediktinerordens hat vor mehr als
1 000 Jahren seinen Mitbrüdern und Nachfolgern
die folgenden Gedanken mit auf den Weg gegeben,
die auch heute noch im Hinblick auf ein wertorientiertes Management nachdenkenswert sind:

»Der eingesetzte Abt bedenke stets,
welche Bürde er auf sich genommen hat und wem er
Rechenschaft über seine Verwaltung ablegen muss.
Er wisse, dass er mehr helfen als herrschen soll. (...)
Immer gehe ihm Barmherzigkeit über strenges Ge-
richt,
damit er selbst Gleiches erfahre.
Er hasse die Fehler, er liebe die Brüder.
Muss er aber zurechtweisen,
handle er klug und gehe er nicht zu weit;
sonst könnte das Gefäß zerbrechen,
wenn er den Rost allzu heftig auskratzen will.
Stets rechne er mit seiner eigenen Gebrechlichkeit.
(...)
Damit wollen wir nicht sagen, er dürfe Fehler wuchern
lassen, vielmehr schneide er klug und liebevoll weg,
wie es seiner Ansicht nach jedem weiterhilft; (...).
Er suche, mehr geliebt als gefürchtet zu werden.«

(Benedikt von Nursia: *Die Regel des heiligen Benedikt*,
1990, S. 128)

Unternehmenskultur

Eine ungenaue, aber doch sehr zutreffende Beschreibung besagt: Unternehmenskultur besteht
aus der Summe aller Selbstverständlichkeiten, die
in einem Unternehmen gelebt werden. Heute gibt
es mehr und mehr Unternehmen, in denen die Unternehmenskultur schriftlich fixiert ist. Bei *Nestlé*
zum Beispiel haben wir die Unternehmenskultur
zum ersten Mal vor mehr als zehn Jahren in einer
Broschüre über Management- und Führungsprinzipien festgehalten. Dafür gab es damals drei
Gründe:

1. Mein bevorstehendes Ausscheiden aus dem operativen Management schien mir ein guter An-
   lass, die Grundsätze für die Unternehmenskultur von *Nestlé* einmal schriftlich festzuhalten.
2. Die Größe und die inzwischen vielfältige Struktur des Unternehmens – zumal nach den zahlrei-
   chen Akquisitionen – hatten das Bedürfnis für
   ein solches Dokument erhöht.
3. Gerade jüngere Führungskräfte und Mitarbeiter
   legten großen Wert darauf, etwas schriftlich in
   den Händen zu haben.

Ich erinnere mich noch, dass ich den ersten Ent-
wurf während eines Ferienaufenthaltes am Wör-
thersee in Kärnten diktiert habe. Anschließend
habe ich das Dokument mit meinem Nachfolger
Peter Brabeck (der übrigens zufällig Kärntner ist!)
und dann auch mit dem gesamten Topmanagement
diskutiert, um es dann, mit Fotos und Unterschrif-

ten meines Nachfolgers und von mir versehen, an alle Führungskräfte auf der ganzen Welt zu verteilen.

Das Dokument existiert selbstverständlich auch heute noch – ich habe es interessehalber als Anhang beigefügt. Es wird an alle neuen Führungskräfte verteilt und ist Gegenstand aller Seminare (ob nun in der Konzernzentrale in der Schweiz, in China oder in Brasilien). Es wird auch bei allen grundlegenden Führungskonferenzen benutzt.

Diese Broschüre hat nicht mehr als neun DIN-A4-Seiten, und doch ist sie von großer Bedeutung für die Unternehmenskultur von *Nestlé*. Bei der Abfassung habe ich nichts Neues erfunden, sondern einfach umfassend und allgemein verständlich das aufgeschrieben, was über viele Jahre und Jahrzehnte bei *Nestlé* als Unternehmenskultur entstanden und gelebte Praxis geworden ist. Schon der von mir sehr geschätzte Managementguru Peter Drucker hat einmal gesagt: »Don't change corporate culture – use it!« Eine Anregung meines Nachfolgers für dieses Dokument war übrigens die Einfügung eines Satzes, der besagt, dass *Nestlé* ein menschliches Unternehmen ist. Das hätte ich glatt vergessen, weil ich es für selbstverständlich hielt! Aber manchmal ist es wichtig, auch Selbstverständlichkeiten zu sagen. Beim Abfassen solcher Dokumente sollte man auf Folgendes achten:

- Sie dürfen nicht zu allgemein gehalten und mit lauter Gemeinplätzen wie »Edel sei der Mensch, hilfreich und gut« angereichert sein.

- Insbesondere für große Unternehmen gilt: Das Konkrete, für das Unternehmen Unverwechselbare muss so formuliert werden, dass es für alle Regionen der Welt und für verschiedene Geschäftsfelder gültig ist oder Gültigkeit erlangt und die Traditionen, Sitten und Mentalitäten keines Mitarbeiters verletzt.

Ich erwähne nur zwei Beispiele, um diese Anforderungen klar zu machen. Im Dokument zu den grundlegenden Management- und Führungsprinzipien von *Nestlé* heißt es unter anderem: »Wir sind mehr pragmatisch als dogmatisch« und »Wir sind bescheiden, aber mit Stil«. Das ist so konkret wie nötig und lässt so viel Raum für individuelle Ausgestaltung wie möglich.

Abschließend möchte ich noch darauf hinweisen, dass ein solches Dokument verbindlichen Charakter haben muss. Deshalb steht bei uns am Ende des Dokuments folgender Satz: »Abgesehen von beruflicher Tüchtigkeit und Erfahrung, stellen die Fähigkeit und der Wille, diese Prinzipien anzuwenden, die wichtigsten Kriterien für eine Beförderung dar – und nicht der Pass oder die ethnische oder nationale Herkunft der Person!«

Wertorientiertes Management

Und nun einige Anmerkungen zum Thema wertorientiertes Management. Zunächst drei Vorbemerkungen:

1. Wir leben in einer Markt- und Wettbewerbswirtschaft, insofern kann wertorientierte Führung nur mit Werten gestaltet werden, die langfristig den Bestand und die Entwicklung des
   Unternehmens gewährleisten und nachhaltig
   zum Erfolg des Unternehmens beitragen.
2. Am Anfang einer wertorientierten Unternehmensführung stehen die Auswahl des Führungspersonals und die Qualitäten, die wir von den
   Topleuten verlangen. Keiner kann mit Werten
   führen, die er selbst nicht verkörpert. Diese aus
   meiner Sicht notwendigen Führungseigenschaften behandele ich ausführlich im nächsten Kapitel (personalpolitische Aspekte). Zusätzlich
   verweise ich auf das von mir immer geforderte
   Added-Value-Leadership-Konzept. Es besagt,
   dass Führung mehr als nur die bloß formale
   Ausübung einer verliehenen Autorität sein
   muss. Vielmehr sollte sie der klaren inhaltlichen
   Frage entsprechen: Wie leiste ich einen Beitrag
   zur Wertvermehrung des Unternehmens? Oder,
   wie es der amerikanische Unternehmer Donald
   McGannon einmal ausgedrückt hat: »Leadership is action, not position.« Als Richtschnur
   für das Verhalten eines Managers möchte ich
   in diesem Zusammenhang auf die Kardinaltu-
   genden verweisen, nämlich: Mut, Gerechtigkeit,
   Weisheit und Bescheidenheit.
3. Bei dieser Wertediskussion geht es mir nicht um
   den Shareholder-Value. Diese Thematik wird in
   einem anderen Kapitel behandelt.

Bei einer Wertediskussion kommen wir nicht umhin, uns Gedanken zu machen, welche Werte wir eigentlich meinen. Dazu einige Gedanken in Anlehnung an Ausführungen, welche der Soziologe Professor Hans Joas auf einem Forum mit dem Thema *Die kulturellen Werte Europas* machte. Nach Joas sind Werte emotional stark besetzte Vorstellungen über das Wünschenswerte. Die Hauptwurzeln der für uns in Deutschland vorherrschenden Werte entstammen dem christlich-jüdischen und dem griechisch-römischen Gedankengut. Mit der Entwicklung der Neuzeit und der Renaissance wurden diese Werte ergänzt, und zwar durch die folgenden in Stichworten angeführten Merkmale: eine stärkere Betonung der Rationalität (siehe Descartes' »Cogito ergo sum«, die Philosophie der Aufklärung), eine stärkere Betonung der Individualität, der Selbstverwirklichung bis zum Narzissmus, die französische Revolution (Ende des Absolutismus) und eine stärkere Bedeutung des Materialismus; eine Zunahme diesseitigen Denkens gegenüber Religiosität und Transzendenz (Nietzsche: »Gott ist tot«). Schließlich beobachten wir in neuerer Zeit eine stärkere Entwicklung und Ausprägung der Demokratie und der Menschenrechte einerseits und andererseits im letzten Jahrhundert noch zwei totalitäre Ideologien (was zeigt, wie brüchig alles sein kann).

Gegenwärtig stellen wir fest, dass die rechte – also emotionale – Gehirnhälfte sowie die Erbanlagen doch eine größere Bedeutung haben. Der Verweis auf die genetische Substanz als den Menschen wesentlich prägendes Merkmal gewinnt an Gewicht (»Nature versus nurture«-Debatte), Gleiches gilt für die Hirnforschung mit ihrem neuen Determinismus. Wie gesagt, das sind nur Stichworte – aber sie sind wichtig, wenn wir die Frage diskutieren, welche Werte unserem Handeln, auch als Führungskräfte, bewusst oder unbewusst zugrunde liegen. Wie bedeutsam für den Unternehmenserfolg die Klärung dieser Frage ist, zeigt sich an dem folgenden Beispiel, welches die scheinbar widersprüchlichen Werte von individueller Freiheit und organisatorischer Hierarchisierung behandelt. Nur das Unternehmen, welches sich dieser Werte bewusst geworden ist und ihren scheinbaren Widerspruch aufgelöst hat, wird in dem Maße erfolgreich sein, wie im Beispiel beschrieben:

»Zwei Aspekte, die für US-Firmen typisch sind, sind die folgenden: einerseits ihre Vision von der Freiheit und Weite im Denken, die die treibende Kraft für kreative Prozesse ist, und andererseits ihre eher ›militärischen‹ Befehlsstrukturen. Diese scheinbar gegensätzliche Paarung funktioniert in unserer Zeit zumindest aus betriebswirtschaftlicher Sicht offensichtlich hervorragend. Sie führt dazu, dass US-amerikanische Unternehmen eine Vielzahl von neuen innovativen Produktideen entwickeln, die sich dank der perfekt organisierten, hierarchisch strukturierten Unternehmensformen auf dem Markt bestens durchsetzen lassen und halten können.

Erfolgreiche Arbeit des Managements bedeutet also: am Anfang steht die Bündelung der Kräfte. Jeder sollte wissen, wohin die Reise geht und darüber muss definitiv Einverständnis bestehen. Die Ziele müssen daher nicht bis ins Detail geklärt werden. Visionen und weite Zielvorstellungen reichen völlig aus.

Nun gibt es neben der hierarchischen Struktur noch einen weiteren Aspekt, der den Erfolg von Unternehmen ausmacht: Die Umsetzung von Visionen sollte in einem Umfeld individueller größtmöglicher Freiheit geschehen. An sich ist dies ein Widerspruch zur Bündelung der Kräfte, aber genau darin liegt das Geheimnis. Nur durch die Wirkung beider Faktoren entsteht die besondere, einzigartige Identität eines Unternehmens. Die Möglichkeit der Mitarbeiter, eigene Visionen zu entwickeln und frei umzusetzen, steigert das Selbstbewusstsein und den Zugehörigkeitswillen. So kann sich jeder im Unternehmen den Erfolg mit auf seine Fahne schreiben. Und darum geht es letztlich. Unternehmenserfolg wird auf die Dauer nur durch die ganz individuelle Erfahrung des Erfolges aller, die daran beteiligt sind, getragen.«

(Paul J. Kohtes: *Dein Job ist es, frei zu sein. Zen und die Kunst des Managements*, 2005, S. 91 ff.)

Beim Thema Wertorientierung werden wir immer wieder mit der Frage konfrontiert, welche Werte wir konkret meinen und wie wir zwischen verschiedenen, oft gegensätzlichen Werten abwägen können. Solche gegensätzlichen Werte können zum Beispiel sein:

- Die langfristige oder kurzfristige Gewinnorientierung, wie bereits erwähnt. (Meine Meinung hierzu ist bekannt: Ich bevorzuge eine langfristige Politik statt einer kurzfristigen Maximierung.)

- Vergütung nach Leistung und Position oder geringe Differenzierung der Lohnstufen und mehr Gleichheit.
- Stärkere Förderung der Leistungsträger oder stärkere Bemühung, die weniger Guten nachzuziehen.
- Das Unternehmen kümmert sich ausschließlich um die aktiven Mitarbeiter oder auch um die Pensionäre.
- Berücksichtigung von Dienstjahren und Treue zum Unternehmen oder mehr der aktuellen Leistungsfähigkeit (Ziel: Balance in der Wertschätzung von jugendlicher Dynamik und Alterserfahrung).
- Bevorzugung eines kooperativen Führungsstils mit Kollegialität und »Coaching« oder stärkere Betonung von Führung.

Wenn es um die Frage der wertorientierten Führung geht, dann gehören hierher auch – unabhängig von der derzeitigen Gesetzeslage – Fragen der Mitbestimmung, der Mitwirkung der Arbeitnehmer und so weiter. Ohne auf dieses Thema ausführlich eingehen zu wollen, möchte ich Ihnen doch einen Spruch verraten, den ich bei der Einführung der qualifizierten Mitbestimmung vor den *Nestlé*-Aufsichtsräten einschließlich der damals mitwirkenden Betriebsräte und Gewerkschafter gesagt habe: »Ich verhalte mich wie der schiefe Turm zu Pisa – ich bleibe geneigt, aber ich stehe fest.«

In einem multinationalen Unternehmen müssen wir natürlich beachten, dass wir in verschiedenen Regionen der Welt zum Teil unterschiedliche Wertvorstellungen haben, die wir – soweit sie nicht unsere allgemeinen generellen Werte verletzen – ebenfalls berücksichtigen müssen.

Mit diesen Ausführungen ist hoffentlich klar geworden, dass es sich wirklich lohnt, mehr über wertorientierte Führung nachzudenken, in einer Zeit, in der so viel über Organisationsstrukturen, Prozessorientierung sowie über vordergründige und kurzfristige Ziele und Maßnahmen geredet wird.

Wertorientierte Führung im wohlverstandenen Sinne kann aber langfristig zum Unternehmenserfolg beitragen, weil eine solche Führung ein besseres Betriebsklima, mehr Sicherheit, Vertrauen und Motivation mit der damit verbundenen höheren Leistungsbereitschaft schafft. Auch nach außen dient wertorientierte Führung dem Unternehmen. Es kann damit in den Medien, in der Gesellschaft ein besseres Image, ein größeres Ansehen erreichen, besser anerkannt werden. Wertorientierte Führung ist heute ein wichtiger Erfolgsfaktor, besonders nachdem Kunden und Verbraucher immer mehr wissen wollen, woher und von wem die Ware kommt und unter welchen Bedingungen sie hergestellt wurde.

Wir müssen also immer wieder abwägen und die richtige Balance finden. Mit Fundamentalismus oder moralischem Rigorismus kann man nicht leiten. In diesem Zusammenhang verweise ich auf den

1864 geborenen Nationalökonomen und Soziologen Max Weber, der das Problem der richtigen Balance zwischen Gesinnungsethik (Handlungsabsichten und Handlungsgrundsätze, Handeln nach Überzeugung und nicht nach Nützlichkeitsabwägung) und Verantwortungsethik (orientiert sich in erster Linie an den Folgen gesellschaftlichen Handelns und nicht an ideologischen Zielen) analysierte.

Kapitel 7

Personalpolitik und Führungsqualitäten

Personalpolitik und Personalführung sind ohne Zweifel die wichtigsten Aufgaben der Unternehmensleitung. Die Qualität, die Eignung für bestimmte Tätigkeiten sowie die Motivation und das Engagement der Führungskräfte und der Mitarbeiter entscheiden letztlich über den Unternehmenserfolg, da alle Aufgaben und Tätigkeiten von den Menschen im Unternehmen wahrgenommen werden. Dies ist zwar eine Binsenweisheit, wird aber leider oft nicht ernst genug genommen und nicht mit der nötigen Priorität behandelt.

Aufgaben der Personalabteilung

Als wichtigsten Grundsatz möchte ich hier herausheben: Der Personalchef ist nicht der Chef des Personals, sondern der Leiter der Personalabteilung. Personalführung wird durch die jeweiligen Vorgesetzten wahrgenommen. Die Personalabteilung hat aber eine wichtige Funktion für eine erfolgreiche Personalpolitik. Sie berät das Management in allen wichtigen personalpolitischen Fragen und ist zuständig für alle Fachfragen des Personalwesens. Die wichtigsten Aufgaben seien hier aufgeführt: Rekrutierung des Personals, Vornahme der Gehalts- und Lohnzahlungen, Bearbeitung der Tarifpolitik und des Tarifwesens, Personalentwicklung und Personalschulung, Information des Personals in allen allgemeinen Fragen, Funktion als Hauptgesprächspartner für die Mitarbeiter, vor allem in tarifpolitischen Fragen und Personalfragen, genaue Kenntnis des und Agieren im Sinne des Betriebsverfassungsgesetzes und der Mitbestimmung. Oft werden in der Personalabteilung auch die sozialen Dienste zusammengefasst, wie zum Beispiel Kantine, Kindergarten, Sport. Die Personalabteilung organisiert auch Umfragen unter den Mitarbeitern, um festzustellen, wo es Probleme gibt, wo Zustimmung herrscht und wo Handlungsbedarf besteht.

Es ist wichtig, in der Personalabteilung Führungskräfte und Mitarbeiter zu beschäftigen, die sich für die genannten Aufgaben besonders gut eignen. Mitarbeiter in den Personalabteilungen sind oft theoretisch, etwa juristisch oder psychologisch, sehr gut ausgebildet, häufig mangelt es ihnen aber an der nötigen Praxis im Betrieb, und sie haben daher manchmal wenig Kenntnis der wirklichen Sorgen und Denkweisen der Mitarbeiter. Deshalb empfehle ich oft, einige Positionen mit Mitarbeitern zu besetzen, die in anderen Unternehmensbereichen Erfahrung gesammelt haben. Die Rolle der Personalabteilung ist häufig nicht einfach, da sie einerseits die Unternehmensinteressen vertreten muss, andererseits Verständnis für die Wünsche,

Probleme und Sorgen der Mitarbeiter haben und diese Dinge – im Unternehmensinteresse – in die Personalpolitik einbringen muss.

Die Personalabteilung entwickelt und bedient sich einer Reihe von Systemen, um die notwendigen Arbeiten effizient und objektiv auszuführen, wie zum Beispiel Bewertungssysteme, Förderungssysteme, Lohn- und Gehaltssysteme sowie allgemeine Regelungen, um die personellen Belange im Unternehmen einheitlich zu gewährleisten. Im Allgemeinen sind diese Systeme zu weitgehend, zu detailliert und auch zu bürokratisch, was der Sache nicht dient. Ich warne immer vor zu viel Bürokratie und zu vielen Regelungen. Wichtig ist, dass den eigentlichen personellen Belangen mehr Zeit und Priorität eingeräumt wird. Für die Aufgaben der Personalabteilung gilt: »More attention to people, less bureaucracy with people.« Grundsätzlich ist allerdings eine ständige Bewertung des Personals sowie eine Eingruppierung in die verschiedenen Qualitätsstufen als Grundlage für die Förderung und die Schulung der Mitarbeiter notwendig. Hierfür ist auch wichtig, dass systematisch mindestens einmal im Jahr Führungsgespräche mit den Mitarbeitern stattfinden. Leider sind solche Systeme mit Vollzugsmeldung auch deshalb relevant, weil ohne diese Verpflichtung die in allen Abteilungen und Bereichen notwendigen Personalgespräche kaum geführt würden.

Bei den Schulungsmaßnahmen für Mitarbeiter ist es von Bedeutung, dass sie auf die Unternehmensziele und die Unternehmenskultur ausgerich-

tet sind und den Zusammenhalt und das Betriebsklima fördern. Hier muss auch unterschieden
werden zwischen dem, was die eigenen Schulungseinrichtungen wahrnehmen können, und Maßnahmen, welche externe Anbieter besser durchführen
können. Wichtig ist, dass die Schulungseinrichtungen kein akademisches, isoliertes Leben führen,
sondern dass sich das gesamte Management ständig aktiv einschaltet und sich für die Schulungen
und für die Seminarteilnehmer interessiert.

Im Übrigen ist die Selektion der einzustellenden
Mitarbeiter und der zu fördernden Personen wichtiger als die anschließende Schulung. Gute Leute
brauchen weniger Schulung, und wenn bei ihnen
eine Schulung stattfindet, so ist der »Return-on-
Investment« groß, bei anderen kann es leider vorkommen, dass Hopfen und Malz verloren ist. Die
Selektion wird gelegentlich professionellen Assessment-Centern übertragen. Was die Ergebnisse betrifft, so bin ich etwas skeptisch. Sie sind meistens
nicht gut, da die Assessment-Center zu theoretisch
vorgehen. Viel sinnvoller sind Beurteilungen auf
der Grundlage von Gesprächen mit Vorgesetzten
und einigen anderen erfahrenen Mitarbeitern, mit
denen die entsprechenden Mitarbeiter zu tun hatten (um so ein falsches Urteil, welches durch einen
zu stark subjektiven Eindruck des Vorgesetzten
entstehen kann, zu vermeiden). Checklisten und
Beurteilungskriterien müssen dabei natürlich sein,
aber grundsätzlich sollte bezüglich der Auswahl
und Bewertung von Mitarbeitern gelten: »Look
more in their eyes than in their files!«

Karriereplanung

Es ist nutzlos, wenn die Personalabteilung für einzelne Mitarbeiter detaillierte und über mehrere Jahre gehende Karriereplanungen aufstellt, da die Wirklichkeit immer anders abläuft. Ich bin stattdessen für die Aufstellung von Karrierehypothesen, über die man mit den Mitarbeitern sprechen kann. Unternehmen brauchen auch nicht für jede Führungskraft einen Ersatzmann, aber für jede Gruppe von gleichartigen Führungskräften benötigt man etwa ein Drittel Nachwuchskräfte, die in der Lage sind, die Fluktuation durch Alter oder andere Ausfälle zu ersetzen.

Für die Förderung von Führungskräften ist einerseits eine gewisse Rotation in verschiedenen Aufgaben notwendig, andererseits ist eine längere Kontinuität in jeder Aufgabe sehr wichtig, weil man erst nach einer gewissen Zeit die Ergebnisse der eigenen Arbeit sieht und weil erst dann der nötige Lerneffekt eintritt.

Eine wichtige Aufgabe besteht auch in der Einstufung und Bewertung bestimmter Aufgaben nach ihrer Wertigkeit und Bedeutung für das Unternehmen. Diese so genannten Führungsstufen im außertariflichen Bereich (von denen man etwa vier bis fünf benötigt) dienen als Grundlage für die Gehaltsausrichtung oder für die Teilnahme an Führungskonferenzen. Sie sind absolut notwendig für eine entsprechende Ordnung im Betrieb. Eine immer wiederkehrende Frage ist, wie man diese Führungsstufen und Aufgaben bezeichnet und welchen Titel man dem Inhaber dieser Aufgaben gibt. Immer wieder versuchen Puristen und Gleichheitsfanatiker, alle Titel abzuschaffen und entsprechende Hinweise auf Visitenkarten oder auf der internen Mitarbeiterliste möglichst zu vermeiden. Ich halte nichts davon, weil es zu weniger Klarheit führt, weil eine gewisse Hierarchie notwendig ist und weil die Mitarbeiter auch nach außen zeigen wollen, welche (wichtige) Aufgabe sie haben. Wenn in einem so geordneten Unternehmen klar geregelt ist, wer Abteilungsleiter, Hauptabteilungsleiter, Ressortleiter oder Abteilungsdirektor wird, dann weiß jeder, wo er steht, und das gibt auch Ansporn zu weiterem Aufstieg.

Zum Thema Förderung gehört natürlich auch die aus meiner Sicht immer noch notwendige spezielle Förderung von Frauen in Führungspositionen, weil tendenziell immer noch zu wenig in dieser Richtung geschieht.

Gehalts- und Tarifpolitik

Bei der Gehaltspolitik muss entschieden werden, wie hoch der fixe Anteil ist und wie stark Incentives und Boni eine Rolle spielen. Ferner muss die Frage entschieden werden, wieweit man Seniorität belohnt.

Generell scheint es mir richtig zu sein, leistungsbezogene Elemente in die Gehaltspolitik einzubeziehen, und dies um so mehr, je höher die Verantwortung ist. Es muss ferner entschieden werden, welche Gehaltsdifferenz man bei den einzelnen

Führungsstufen festlegt. Sie muss groß genug sein, um Ansporn zu geben und wichtigere Aufgaben entsprechend zu honorieren. Andererseits müssen Übertreibungen der Gehaltsdifferenzierung vermieden werden, wie ich in Kapitel 5 bereits dargestellt habe.

In der tarifpolitischen Auseinandersetzung geht es immer wieder um die Einhaltung von Flächentarifen und die Bewahrung der Tarifhoheit. Andererseits beobachten wir eine zunehmende Tendenz, aus dem allgemeinen Tarifvertrag auszusteigen und die Dinge mehr auf betrieblicher Ebene mit dem Betriebsrat des Unternehmens zu regeln, generell flexibler zu werden. Der Wettbewerb zwingt oft zu solchen Regelungen, besonders, wenn die allgemeinen Tarifregelungen zu starr und vielleicht auch zu teuer sind.

Viele große Firmen überlegen auch immer wieder, ob sie einen firmenbezogenen Haustarif mit der Gewerkschaft aushandeln oder sich einem allgemeinen Flächentarif anschließen sollen. Die Versuchung zu einem Haustarif ist groß. Ich selbst war immer eher ein Befürworter des Anschlusses an einen Flächentarif, weil sonst besonders gutgehende Firmen von den Gewerkschaften genutzt werden, die Tarife nach oben zu treiben und so auch Tatsachen für die anderen Firmen zu schaffen. Ich neige also eher zum Flächentarif, den man dann flexibel und bei Bedarf mit zusätzlichen Leistungen oder Vergütungen ergänzen kann.

Was das Thema Beziehungen zu den Arbeitnehmern, den Gewerkschaften, Betriebsverfassungsgesetz, Mitbestimmung und so weiter betrifft, so bin ich ganz allgemein der Meinung, dass wir auf diesem Sektor institutionelle Regeln brauchen. Ich habe auch immer gesagt, dass, wenn es keinen Betriebsrat gäbe, man ihn erfinden müsste. Wir brauchen einen organisierten und offenen Dialog mit den Mitarbeitern, und wir brauchen auch bestimmte Vereinbarungen. Darüber hinaus bin ich allerdings der Meinung, dass wir zurzeit diesen ganzen Sektor ideologisch überfrachtet haben und es uns an Flexibilität mangelt, dass sich viele Möglichkeiten für eine Blockade eröffnen.

Die deutsche Mitbestimmung etwa ist in der heutigen Form international einmalig und ganz sicher ein Standortnachteil für Deutschland. Entscheidungen werden durch sie oft verzögert, es werden wettbewerbsfeindliche Kompromisse geschlossen. Das Verhalten von Aufsichtsratsmitgliedern und Vorständen wird beeinflusst – und dies nicht immer im besten Unternehmensinteresse.

Über kurz oder lang werden wir nicht umhin kommen, das deutsche Arbeitsrecht in einem geschlossenen Werk zu modifizieren, um die vielen Einzelvorschriften und in der Regel unternehmensfeindlichen Rechtsprechungen zu beseitigen.

Notwendige Führungseigenschaften im Management

Oft werde ich gefragt, welche Eigenschaften eine Führungskraft oder besonders das Topmanagement haben muss, um langfristig erfolgreich zu sein. Neben der Ausbildung und der beruflichen Erfahrung sind meines Erachtens folgende Eigenschaften wichtig, und zwar um so mehr, je höher die Position ist:

1. Mut, Nerven und Gelassenheit;
2. Lernfähigkeit, Sensibilität für Neues, Vorstellungsvermögen für die Zukunft;
3. Kommunikations- und Motivationsfähigkeit nach innen und nach außen;
4. Fähigkeit zur Schaffung eines innovativen Klimas;
5. Denken in Zusammenhängen;
6. Glaubwürdigkeit;
7. Bereitschaft zur ständigen Veränderung und die Fähigkeit, den Wechsel zu managen;
8. internationale Erfahrung oder wenigstens Verständnis für andere Länder und Kulturen;
9. Entscheidungsfreudigkeit – aber mit Verantwortungsbewusstsein;
10. all das, was man mit den Begriffen »Charakter« und »Persönlichkeit« umschreibt (also auch ein gewisses Charisma);
11. Bescheidenheit, aber mit Stil;
12. ein gewisses Maß an Sensibilität (wer nicht sensibel ist, kann nicht führen, wer nur sensibel ist, auch nicht).

Die Auflistung ist so zu verstehen, dass es bei der Qualifizierung des Topmanagements nicht nur um einzelne dieser Eigenschaften geht, sondern um deren Ganzheit, welche notwendig sind, um nachhaltig Erfolge zu erzielen. Die meisten der genannten Punkte verstehen sich von selbst, ich möchte aber noch ein paar Bemerkungen hinzufügen: Eine der allerwichtigsten Eigenschaften in der heutigen Zeit ist die Glaubwürdigkeit und die damit verbundene Schaffung von Vertrauen. Wenn die Leute sich am Montag nicht daran halten können, was am Sonntag gepredigt wurde, schwinden Vertrauen und Motivation.

Mut, Nerven und Gelassenheit sind heute insbesondere gefordert, wenn es darum geht, langfristig eine Strategie durchzuhalten, auch wenn man kurzfristig Kritik erntet. Diese Eigenschaften sind ferner gefordert bei der heutigen Intensität der Medienwelt, der dadurch stets möglichen Kritik von allen Seiten, den jederzeit drohenden Krisensituationen.

Die Bereitschaft zur ständigen Veränderung und die Fähigkeit, den Wechsel zu managen, gewinnen heute eine besondere Bedeutung, da sich technologische und andere Veränderungen häufen und wir immer noch mit starren und bürokratischen Systemen, dem mentalen Beharrungsvermögen der Mitarbeiter und der Blockade durch alle möglichen Mitspracherechte konfrontiert sind. Größere Geschwindigkeit als die der Konkurrenz ist aber oft der entscheidende Erfolgsfaktor.

Zum Thema Führungsverhalten und Führungsphilosophie habe ich interessante Bemerkungen in Jürgen Fuchs' Buch *Lust auf Deutschland – Ein märchenhafter Roman für Menschen mit Mut* von 2003 gefunden. Diese Bemerkungen möchte ich

Ihnen nicht vorenthalten. Jürgen Fuchs schreibt in dem Kapitel »Das neue Führen: mit Charme, Charakter und Charisma« auf Seite 198 f.:

» (...) in den Überlieferungen vieler Naturvölker finden sich einige Hinweise für das erfolgreiche Zusammenleben des Menschen mit seinem ältesten Begleiter:

- Das Pferd akzeptiert Führung, wenn sie Autorität ausstrahlt, aber nicht, wenn sie autoritär ist.
- Das Pferd achtet Führung, wenn sie klar und eindeutig ist, aber nicht, wenn die führende Hand zittert.
- Das Pferd vergisst nie, wer ihm in bedrohlicher Situation geholfen hat, aber auch nie, wer es verletzt hat.
- Das Pferd hat Lust auf Leistung, aber nicht, wenn es dazu gezwungen wird.
- Das Pferd lässt sich von einem Menschen führen, aber nur, wenn es Zeit hatte, mit ihm vertraut zu werden.
- Das Pferd schafft unglaubliche Leistungen, aber nur, wenn es seinem Reiter vertraut. Es geht sogar für ihn, im wahrsten Sinnes des Wortes, durchs Feuer. Ohne ihn geriete es dabei in Panik.«

Was hier für das Pferd beschrieben wird, lässt sich zwanglos auf uns Menschen übertragen.

Wenn ich die Essenz der Führungseigenschaften abschließend in kürzester Form zum Ausdruck bringen soll, dann würde ich sagen:

- Man benötigt viel Herz – und viel Verstand.
- Mens sana in corpore sano – Manager sollten auf ihre Ressourcen achten.
- Tue recht und scheue niemand.

Einige »führungspraktische« Bemerkungen

Einiges hierzu habe ich bereits in Kapitel 2 im Abschnitt »Unternehmenspolitische Grundsätze« deutlich gemacht. Hier möchte ich noch ein paar Dinge ergänzen.

Absolut notwendig ist es meines Erachtens, von dem besonders in unteren Führungsstufen zum Teil immer noch vorkommenden »Korporalton« wegzukommen. Oft ist gerade die unterste Führungsstufe am wenigsten für die Führung geeignet oder geschult. Hier finden sich aber die Personen, mit denen das Gros der Mitarbeiter täglich umgeht, die insofern das Klima und auch das Image des Unternehmens bestimmen. Deshalb ist es so wichtig, dass die Unternehmensleitung diese Führungskräfte an die notwendigen Führungsqualitäten heranführt.

Neben der Schulung dieser Führungskräfte bietet meines Erachtens das Konzept des Employee-Involvements, also der Einbeziehung der Mitarbeiter, eine gute Möglichkeit dafür. Das bedeutet, dass man die Mitarbeiter ehrlich, klar und rechtzeitig über das Betriebsgeschehen und notwendige Änderungen informiert, dass man sie in die Diskussion über Änderungen einbezieht und sie teilhaben lässt (oft wissen die Mitarbeiter am einzelnen Arbeitsplatz besser, welche Änderungen sinnvoll sind, welche Änderungen bestimmte Auswirkungen haben werden). Zuhören ist eine wichtige, aber oft vernachlässigte Führungseigenschaft. Außerdem führt eine solche Art von Employee-Involvement zu mehr Motivation, mehr Identifikation mit der Arbeit, und es ist auch viel leichter, die notwendigen Änderungen durchzuführen. Klima und Image des Unternehmens werden positiv beeinflusst, wenn das Betriebsgeschehen als Miteinander aller Hierarchiestufen erfahren wird. Die vorbildliche Wirkung dieses Miteinanders ist auch das beste Mittel gegen den erwähnten Korporalton.

Ein anderes Konzept ist die bereits erwähnte Added-Value-Leadership-Philosophie, welche Leadership nach der Fragestellung ausrichtet: Habe ich mit meiner Tätigkeit als Führungskraft heute zum Erfolg des Unternehmens, zur Mehrwertschaffung etwas beigetragen?

Ferner ist es meines Erachtens unabdingbar, auf eine optimale Zusammensetzung des Managements zu achten, das heißt Kompetenzen und Stärken zu ergänzen, um so einzelne Schwächen auszugleichen. Damit meine ich aber nicht, dass ein schwacher Chef mithilfe eines tüchtigen Assistenten die Aufgaben und Probleme eines Unternehmens zu meistern versuchen sollte. In diesem Fall wäre es wohl besser, den Chef infrage zu stellen.

Richtiges Führungsverhalten ist besonders bei Rationalisierungs- und Restrukturierungsmaßnahmen gefragt, besonders, wenn sie mit Personalreduzierungen verbunden sind. Natürlich bin ich der Meinung, dass Manager aus Wettbewerbsgründen alles tun müssen, um ihr Unternehmen zu rationalisieren und kostengünstig zu gestalten. Wenn sie das nicht tun, werden ihre Unternehmen irgendwann nicht mehr wettbewerbsfähig sein, und dann sind alle Mitarbeiter betroffen. Wie bereits im Kapitel 5 im Abschnitt »Die ethische und soziale Verantwortung von Unternehmen« ausgeführt, kommt es sehr darauf an, wie und mit welcher sozialen Haltung die Restrukturierung und Rationalisierung vorgenommen werden. Wie bereits erwähnt, handelt es sich hierbei nicht notwendig um eine altruistische Politik (bei mir vielleicht in einem gewissen Maße schon), sondern um die langfristig beste Lösung für das Unternehmen im Sinne einer dauerhaften Motivation der Mitarbeiter und des Aufbaus von beständigem Vertrauen.

Im Zusammenhang mit den demografischen Veränderungen und der ständigen Zunahme des Lebensalters hat die Altersvorsorge und generell die Behandlung von älteren Mitarbeitern eine neue Bedeutung gewonnen. Ganz allgemein geht sicher kein Weg daran vorbei, dass wir die Lebensarbeitszeit verlängern müssen. Dies ist aus ökonomischen Gründen erforderlich, aber auch, weil dadurch viele ältere Menschen noch einer vernünftigen Beschäftigung zugeführt werden oder ihre bisherige Beschäftigung noch etwas länger ausüben können.

Generell müssen wir von starren Altersgrenzen wegkommen, da der Alterungsprozess sehr unterschiedlich ist und auch verschiedene Tätigkeiten verschiedene Anforderungen stellen. Manchmal ist es auch notwendig, älteren Mitarbeitern andere Tätigkeiten zu geben, die besser ihren Fähigkeiten und ihren Erfahrungen gerecht werden. Der Wert älterer Mitarbeiter und Führungskräfte wurde im Übrigen in den letzten Jahrzehnten generell unterschätzt. Dies betrifft sowohl deren Fähigkeiten und Erfahrungen wie auch ihren positiven Beitrag zum Betriebsklima. Im Übrigen gehört es auch zu einer guten Unternehmenskultur, dass Pensionäre vom Unternehmen nicht total vergessen werden. Dies betrifft sowohl die Pensionszahlungen als auch der Kontakt und eine gewisse Betreuung der ausgeschiedenen Mitarbeiter.

In diesem Zusammenhang ein Wort zur Regelung der Nachfolge an der Unternehmensspitze. Hier neigen manche Unternehmenschefs dazu, den loyalsten und zuverlässigsten Mitarbeiter zum Nachfolger zu bestellen. Das reicht aber oft nicht aus. Als ich aus der Führung von *Nestlé* ausgeschieden bin, habe ich zwei Grundsätze eingehalten und verwirklicht:

1. Schlage als Nachfolger jemanden aus dem eigenen Management vor, der voll hinter der Unternehmenskultur steht und der Stärkste ist (oft wählen Unternehmensführer ja einen Schwachen als Nachfolger).
2. Wenn die Verantwortung und auch die Macht übergeben ist, stehe mit deinem Rat zur Verfügung, wenn es gewünscht wird, aber halte dich im Übrigen völlig aus dem Geschäft heraus.

Kapitel 8

Corporate Governance und Unternehmensorganisation

Die Bedeutung der Organisation für die Unternehmensführung kann am besten mit dem altbekannten Satz umschrieben werden: Organisation ist nicht alles, aber ohne Organisation ist alles nichts. Den Begriff »Organisation« verstehe ich hier im umfassenden Sinne, das heißt von Corporate Governance bis zur Ablauforganisation. Zunächst daher einige Bemerkungen zu der heute so viel diskutierten Corporate Governance.

Corporate Governance

Lord Cadbury, der frühere Chairman des Softdrink- und Süßwarenherstellers *Cadbury*, war einer der Ersten, die sich mit der Corporate Governance befassten. Er hat sie wie folgt definiert: »Corporate Governance is the system by which companies are directed and controlled.« Dabei geht es meines Erachtens hauptsächlich um die Aufgabenverteilung zwischen den Organen eines Unternehmens, das heißt der Hauptversammlung, dem Aufsichtsrat und dem Vorstand. Die verschiedenen aktuellen Überlegungen und Diskussionen haben die Tendenz, die Rechte der Hauptversammlung und des Aufsichtsrates gegenüber dem Vorstand zu stärken, um so den Einfluss der Eigentümer besser zu gewährleisten. Dies scheint mir teilweise berechtigt. Eine stärkere Ausweitung der Rechte der Hauptversammlung halte ich besonders bei großen Publikumsgesellschaften jedoch für falsch. Man kann schließlich ein Unternehmen nicht über eine breite Aktionärsdemokratie führen. Zurzeit wird ja sogar diskutiert, beispielsweise die Gehälter des Vorstandes von der Hauptversammlung festlegen zu lassen. Viel wichtiger scheint es mir zu sein, dass die Aktionäre einen Verwaltungsrat wählen, der in ihrem Interesse wirklich die Verantwortung wahrnimmt und den Vorstand kontrolliert. Es gibt in der Struktur der Aktionäre heute allerdings sehr starke Entwicklungen in Richtung größerer Anteile von Institutional Investors und Hedge-Fonds, die aufgrund ihrer substanziellen Beteiligungen an den Unternehmen ihren Eigentümereinfluss ausdehnen wollen. In diesem Fall ist das auch sinnvoll.

Andererseits beobachten wir bei großen Publikumsgesellschaften die Tendenz, dass einzelne Aktionäre (oft mit nur einer Stimme) ihre Rechte missbrauchen und sich in den Hauptversammlungen mit allen möglichen Themen zu Wort melden. Das verlängert die Hauptversammlungen unnötig. Hier sollte man Regelungen zur Beseitigung dieses Missbrauches schaffen. Insbesondere in dieser Beziehung muss die Stellung des Leiters der Hauptversammlung gestärkt werden.

Beim Aufsichtsrat bin ich dagegen der Meinung, dass diesem Gremium im Verhältnis zur jetzigen deutschen Gesetzgebung mehr Rechte eingeräumt werden sollten. Die derzeitigen Aufgaben des Aufsichtsrats betreffen im Wesentlichen die Befassung mit allem, was die Hauptversammlung zu beschließen hat, alle Vorstandsangelegenheiten und die Informationsrechte. Formell ist nach der jetzigen Gesetzgebung der Vorstand fast autonom. Er kann neue Strategien festlegen oder große Akquisitionen vornehmen. Diese allumfassenden Kompetenzen werden allerdings durch die Satzungen und Geschäftsordnungen oft eingeschränkt, indem Geschäfte festgelegt werden, die der Zustimmung des Aufsichtsrats bedürfen. Dies ist sicher sinnvoll. Probleme entstehen allerdings dadurch, dass aufgrund der deutschen Mitbestimmungsgesetze dadurch automatisch den Arbeitnehmern und den Gewerkschaften als Mitgliedern des Aufsichtsrates mehr Rechte eingeräumt werden. Deshalb finden heute oft getrennte Sitzungen der Kapitalseite statt, und es werden dem Vorsitzenden des Aufsichtsrats informell mehr Kompetenzen und Einflussmöglichkeiten eingeräumt. Man bewegt sich damit allerdings oft im rechtsfreien Raum.

Das deutsche Mitbestimmungsgesetz halte ich daher generell für problematisch. Man bringt die Arbeitnehmerseite zum Teil in eine schwierige Position, da sie einerseits laut Gesetz die Unternehmensinteressen vertreten muss, andererseits von Mitarbeitern und Gewerkschaften mit oft sehr einseitigen Interessen abhängt. Die Mitbestim-

mung führt dazu, dass Vorstandsmitglieder zum
Teil zu opportunistischem Verhalten tendieren.
Sie wollen die Arbeitnehmerseite nicht verärgern,
um beispielsweise ihre Vertragsverlängerung zu
sichern. Wenn wir auch sehr oft eine vernünftige
und positive Mitarbeit der Arbeitnehmerseite feststellen können, besteht eben doch die Gefahr, dass
durch sie wichtige Entscheidungen blockiert oder
verhindert werden.

Unabhängig von diesem spezifisch deutschen
Problem sollte meines Erachtens der Aufsichtsrat
auf jeden Fall gestärkt und beispielsweise an allen
strategischen Entscheidungen stärker beteiligt werden. Dazu gehören wichtige Akquisitionen oder der
Eintritt in neue Geschäfte oder Investitionspläne.
Es gibt einen Punkt, der meines Erachtens viel zu
wenig beachtet wird, aber von erheblicher Bedeutung ist. Er betrifft die Aufgabe des Aufsichtsrats,
insbesondere die langfristigen Aspekte und Auswirkungen von Geschäftsentscheidungen auf das
Unternehmen zu diskutieren und die Ergebnisse
der Diskussion in den Entscheidungsprozess einzubringen. Dies ist deshalb notwendig, weil eine
langfristige Politik von überragender Bedeutung
für das Unternehmen ist und weil Vorstände und
Führungskräfte durch den heutigen Druck der Finanzwelt sowie durch die zunehmende Verschärfung des Wettbewerbs infolge der Globalisierung
immer wieder dazu neigen, eher kurzfristig zu
denken.

Ganz allgemein bin ich der Auffassung, dass
die heutige Diskussion über das Thema Corpo-

rate Governance nicht zu allzu vielen Regelungen führen sollte. Überregulierungen sind immer problematisch und können die unterschiedlichen Verhältnisse in den Firmen nie entsprechend berücksichtigen. Außerdem kann auch mit vielen Regelungen Fehlverhalten letztlich nicht vermieden werden. Deshalb ist es viel wichtiger, dass die richtigen Personen in die Aufsichtsräte delegiert werden. Dabei geht es nicht um Fachleute (diese müssen im Unternehmen vorhanden sein), sondern um Persönlichkeiten mit Charakter sowie einer allgemeinen Lebens- und Geschäftserfahrung, die auch in schwierigen Situationen zum Unternehmen und zum Vorstand stehen, andererseits aber auch handeln und Vorstände abwählen, wenn dies notwendig erscheint.

Generell noch ein Wort zu den Unternehmensverfassungen in anderen Ländern, wie zum Beispiel der Schweiz, Großbritannien, USA, Frankreich. Diese Verfassungen lassen mehr Flexibilität zu, weil beispielsweise Aufsichtsratsmitglieder aktiv in der Geschäftsführung sein können oder aber reine Aufsichtsfunktionen wahrnehmen. Damit kann man sich besser den tatsächlichen Verhältnissen in der Eigentümerstruktur oder den vorhandenen Persönlichkeiten anpassen. Eine Gefahr besteht dann allerdings darin, dass Unsicherheiten hinsichtlich der Kompetenzen und Aufgaben einzelner Personen entstehen, wenn die Dinge nicht klar geregelt sind. Ich halte die Schweizer Regelung für pragmatisch und vernünftig. Dort hat der Verwaltungsrat im Prinzip die Oberleitung des

Geschäftes, kann aber an seinen Präsidenten, einen Delegierten des Verwaltungsrats oder aber an einen Präsidenten der Generaldirektion alle Kompetenzen delegieren, die er für richtig hält und die er sich nicht selbst vorbehalten möchte. In vielen Ländern, in denen die Position des Aufsichtsratsvorsitzenden und des Chief Executive von ein und derselben Person bekleidet sein kann, ist zurzeit eine Diskussion darüber entbrannt, ob die Ämter prinzipiell getrennt werden müssen. Dieser Diskussion wird zu viel Bedeutung eingeräumt. Es kommt auch hier wieder auf die beteiligten Personen und die Geschäftsordnungen an. Ich selbst habe bei *Nestlé* sieben Jahre beide Positionen innegehabt. Wenn dies der Fall ist, ist es sehr wichtig, dass ein Verwaltungsrat oder ein Präsidium des Verwaltungsrats existiert, der oder das aus Personen besteht, die im Zweifelsfall unabhängig und klar handeln, wenn sie mit dem Verwaltungsratspräsidenten nicht einverstanden sind. Dadurch wird dessen Macht automatisch eingeschränkt. Ferner ist in diesem Falle dafür zu sorgen, dass es im Unternehmen eine adäquate Nachfolgeplanung gibt, die jederzeit eine geeignete Persönlichkeit zur Übernahme der Unternehmensleitung vorsieht, falls mit dem Präsidenten etwas passiert. Im Übrigen ist in meinem Falle auch dadurch eine zusätzliche Sicherheit eingebaut worden, dass ich auf eigenen Wunsch jeweils nur für ein Jahr bestellt wurde.

Was den Vorstand als das dritte Organ (neben Aufsichtsrat und Hauptversammlung) im Unternehmen betrifft, möchte ich nur eine Bemerkung machen: Ich halte nicht viel von dem deutschen Gesetz (das im Übrigen auch einmalig ist), dass der Vorstand ein reines Kollegium ist und die Verantwortung für das Unternehmen gesamtheitlich wahrnimmt. Solche Systeme führen oft zu Grabenkämpfen zwischen den einzelnen Vorstandsmitgliedern oder auch zu einem Verhalten, das an ein Ressort gebunden und nicht gesamtverantwortlich ist. Ich bin hier wie auf allen Ebenen des Unternehmens immer für ein Team mit Spitze und nicht für ein Team als Spitze. Ich bin für einen kollegialen Führungsstil, aber nicht für eine Verwischung der Verantwortung. Natürlich setzt mein Vorschlag voraus, dass der Vorstandsvorsitzende eine verantwortungsvolle Person ist, die nicht die Interessen ihres eigenen früheren Ressorts zu stark in den Vordergrund stellt, sondern objektiv im Gesamtinteresse des Unternehmens handelt und entscheidet. Oft gibt es in Vorständen auch eine so genannte Doppelspitze, das heißt einen technischen und einen kaufmännischen Direktor. Auch davon halte ich aus den gleichen Gründen wenig. Ich zitiere in diesem Zusammenhang ein türkisches Sprichwort, das heißt: »Zwei Kapitäne bringen ein Schiff zum Sinken.« Es ist wichtig, und ich möchte es wiederholen: Unternehmen benötigen Teams mit Spitze – und nicht Teams als Spitze. Der von mir bereits erwähnte Professor Malik hat dazu Folgendes gesagt:

»Praktisch alle großen Leistungen, vor allem das, was man Durchbrüche zu nennen pflegt, waren die Leistungen einzelner Menschen, manchmal Einzelner mit Helfern, aber so gut wie nie von Teams. Das gilt für sämtliche Kunstrichtungen: Weder gibt es in der Musik Teamkompositionen noch Werke der Weltliteratur, die in Teams entstanden wären; weder ist Teammalerei bekannt, noch haben die großen Bildhauer im Team gearbeitet. Im Gegensatz zu einer weit verbreiteten Meinung gilt das auch in so hohem Maße für die Wissenschaft, dass man es ernst nehmen sollte. Die bedeutenden Werke der Philosophie, der Mathematik, der Natur- und der Geisteswissenschaften sind, von ganz wenigen Ausnahmefällen abgesehen, von Einzelnen geschaffen worden.«

(Fredmund Malik: »Und dann erfanden die Assyrer das Team«, manager-magazin.de, 20.10.2003)

Unternehmensorganisation

Die Struktur des Unternehmens wird bekanntlich in so genannten Organigrammen dargestellt. Diese Organigramme geben Auskunft über die Zuordnungen und Unterstellungen sowie die generelle Aufgabenverteilung – aber nicht über die Qualität, Bedeutung und Kompetenzen der jeweiligen Positionsinhaber sowie den Grad der Delegation innerhalb gewisser Bereiche. Trotzdem ist ein Organigramm ein wichtiges Ordnungselement und umso notwendiger, je größer und komplexer ein Unternehmen ist. Ein Organigramm ist eine statische Beschreibung, ein Unternehmen sollte jedoch auch flexibel sein. Daher ist es ratsam, die Organisation durch verschiedene flankierende Maßnahmen »aufzulockern«. Dazu zähle ich zum Beispiel vorübergehende Projektgruppen, eine intensive Nutzung des Networkings innerhalb des gesamten Unternehmens sowie die Schaffung von Centers-of-Excellence, die irgendwo in einer bestimmten Abteilung oder in einem bestimmten Land angesiedelt sein und auch anderen Unternehmensteilen dienen können.

Organisieren darf nicht zu ständigem Reorganisieren führen. Organisationen brauchen auch Phasen von Ruhe und Stabilität. Nur allzu oft haben aber gerade Unternehmensleiter nichts anderes zu tun, als den ganzen Laden umzuorganisieren. Professor Malik hat dazu gesagt: »Reorganisation ist wie Chirurgie. Die guten Chirurgen haben gelernt, dass man nicht ohne Not schneidet.«

Die Organisation größerer multinationaler Unternehmen

Bei der grundlegenden Organisation größerer multinationaler Unternehmen – mit Tochtergesellschaften in verschiedenen Ländern der Erde und einer Konzernzentrale – taucht immer wieder die Frage auf, inwieweit man das Unternehmen divisional oder regional organisieren soll und welchen Einfluss gewisse zentrale Funktionen haben sollen. Generell kann man einen internationalen Konzern nach Product-Divisions (Geschäftseinheiten) oder nach Regionen organisieren.

Bei einem sehr heterogenen Sortiment, also mit sehr unterschiedlichen Geschäftseinheiten im Sinne eines Konglomerates, muss man der Organisation nach Divisionen den Vorzug geben. Das heißt, die zentrale Geschäftseinheit einer bestimmten Produktgruppe ist im Sinne der Linienfunktion direkt zuständig für die entsprechenden Einheiten, die in den einzelnen Ländern angesiedelt sind. Dadurch wird die weltweite Führung und Koordination sowie der Transfer des ganzen Know-hows in alle Länder am besten garantiert. Es entsteht allerdings das Problem, dass in den einzelnen Ländern keine klare Gesamtführung über alle Divisions hinweg für das Land besteht. Für eine solche Gesamtführung besteht aber eine gewisse Notwendigkeit, um die Gesamtrepräsentanz eines Unternehmens in dem entsprechenden Land zu sichern und auch Dienste und Serviceeinheiten zusammenzufassen, die allen Divisions zur Verfügung stehen sollten, weil dies bekanntlich rationeller ist, als wenn jede Division eine vollständige Organisation mit allen Funktionen hat. Zu solchen gemeinsamen Diensten gehören zum Beispiel Rechtsabteilungen, Finanzierungen, Informationstechnologie, übergeordnete Personalentwicklung und Personalpolitik. Man schafft deshalb oft je Land eine so genannte Dienstleistungsgesellschaft, die aber keine Linienkompetenz über die einzelnen Divisions hat. Die Divisions haben jedoch die Pflicht, ihre Dienste in Anspruch zu nehmen und ihre Policies zu beachten. Im Konfliktfall müssen die internationalen Zentralen eingreifen. Manchmal geht man pragmatisch so vor, dass die größte Landesdivision auch die allgemeinen Dienstleistungsfunktionen übernimmt, welche allen Divisionen zur Verfügung stehen.

Bei einem mehr homogenen Sortiment empfiehlt es sich jedoch, das Unternehmen nach Regionen und Ländern zu organisieren. In diesem Fall sind also beispielsweise dem Europachef in der Konzernzentrale alle seiner Zone zugehörigen Länder mit allen Divisions unterstellt, und in jedem Land gibt es einen so genannten Marktchef, an den wiederum alle Divisions des Landes berichten. Unter den Landeschefs können dann bei entsprechender Größe und Verschiedenartigkeit die Divisions organisiert werden (zum Teil auch mit eigenen Rechtspersönlichkeiten), um bestimmte Geschäftszweige nach deren Erfordernissen spezifisch zu leiten.

Diese Grundstruktur existiert beispielsweise bei *Nestlé*, da alle Gesellschaften, wie zum Beispiel *Maggi*, *Nestlé* (mit *Nescafé* und Schokolade), Eiskrem oder das Großverbrauchergeschäft, sich letztlich mit Nahrungs- und Genussmitteln beschäftigen und dadurch viele Gemeinsamkeiten (gemeinsame Kunden, gemeinsames Lebensmittelrecht und so weiter) haben. Daher sollten sinnvoller Weise gemeinsam zu organisierende Dienste und Funktionen unter dem Marktchef angesiedelt werden, die dann automatisch allen Divisions zur Verfügung stehen. Im Zweifelsfall gebe ich dieser Organisationsstruktur den Vorzug, was aufgrund meiner Ausführungen wohl einleuchtet.

Die einheitliche Produktgruppenpolitik und Koordinierung in der ganzen Welt haben wir bei

Nestlé durch so genannte Business-Units in der Zentrale ermöglicht. Sie bestehen für jede Produktgruppe und üben starken Einfluss auf die entsprechende Produktpolitik der Länder aus, allerdings ohne Linienfunktion. Das heißt aber, dass der für die Linien zuständige Chef der Zone Europa bei allen wichtigen produktpolitischen Entscheidungen und auch Innovationen die entsprechenden Business-Units konsultieren und sich mit ihnen einigen muss.

Im Übrigen haben wir dennoch einige Geschäftszweige zentral und divisional organisiert, weil sie spezifische Charakteristiken haben. Dazu gehören beispielsweise das Wassergeschäft und die Tiernahrung. Diese können aber trotzdem in den Ländern die allgemeinen Dienste der Landesleitung in Anspruch nehmen und sind auch Mitglied eines Managementkomitees (geleitet durch den Marktchef), um dort, wo es sinnvoll ist, ein einheitliches Vorgehen zu gewährleisten. Um noch einmal Professor Malik zu zitieren: »Reale Organisationen sind Mischungen mehrerer ›reiner‹ Formen; sie sind Hybridgebilde. Das ist übrigens nichts Negatives. Es wird nur in den Lehrbüchern nicht behandelt.« (Fredmund Malik: *Management – Das A und O des Handwerks*, 2005, S. 190)

Bezüglich der grundsätzlichen Organisationsstruktur besteht ferner die Frage, welche Aufgaben und Kompetenzen die übrigen zentralen Funktionen haben, wie zum Beispiel Finanzen, zentrales Rechnungswesen, Technik, Forschung, zentrale Personalfunktionen und Informationstechnologie.

Diese Funktionen sind natürlich notwendig und müssen ihre Fachkompetenzen weltweit allen Einheiten zur Verfügung stellen sowie die fachliche Koordination weltweit übernehmen. Sie üben diese Funktionen wiederum ohne eigene Linienkompetenz aus. Die Regionalchefs sind jedoch gehalten, sich bei allen wichtigen Entscheidungen, die diese Funktionen betreffen, mit den entsprechenden Funktionschef sabzustimmen. Die Funktionschefs haben also eine fachliche Kompetenz, die auch in die Tochtergesellschaften hineinwirkt. Wenn es zu einem Konflikt zwischen einem Regionalchef und einem Kollegen, der eine Funktion wahrnimmt, kommt, entscheidet wie in allen anderen Fällen letztlich die übergeordnete Stelle, in diesem Fall der Chief Executive Officer.

Manche Firmen sind hier auch dazu übergegangen, bestimmte Fachgebiete in den Ländern direkt diesem Funktionschef zu unterstellen. Dadurch entstehen dann komplexe Matrixorganisationen, die in der Praxis bekanntlich nie funktionieren, weil es überall zu Konfliktpunkten kommt und die einheitliche Leitung bestimmter Länder dadurch nicht automatisch gewährleistet wird.

Delegation

Eine weitere wichtige Frage der Unternehmensorganisation besteht darin festzulegen, wie viel und was von der Zentrale an die einzelnen Länder delegiert wird, das heißt, welche Kompetenzen die einzelnen Länder haben.

Wie ich schon in Kapitel 2 dargelegt habe, bin ich aus einer Reihe von Gründen im Zweifelsfalle für mehr Dezentralisierung und mehr Delegation von Kompetenzen. So können etwa durch konsequente Delegation die Konzernzentralen erheblich verschlankt werden, gemäß dem Motto: »Eine Zentrale sollte wie ein junger Athlet sein – schlank, aber stark«.

Delegation geht natürlich in der Regel gegen die Interessen von zentralen Stäben, die aus vielen Gründen notwendig sind. Ich meine aber, dass zumeist wesentlich weniger zentrale Stäbe benötigt werden. Die Stäbe haben mithilfe von Beratern auch den Begriff »Functional Leadership« erfunden, der Führung entpersonalisiert und auf den gesamten Stab verteilt. Er ist ein Widerspruch in sich. Es gibt Functional Competence, Authority und Influence – aber kein Functional Leadership. Die Stabsarbeit muss ganz klar auf die Aufgaben zur Unterstützung der Linienverantwortlichen beschränkt sein, damit es nicht heißt: Die Linie weiß alles, die Stäbe wissen alles besser. Und damit nicht die Frage an die Stäbe gestellt werden muss: »Are you helping us to find the solution or are you part of the problem?«

Im Übrigen erfordert die von mir bevorzugte Delegation von Kompetenzen die Etablierung von Policies, innerhalb derer die Aufgaben delegiert werden können, und auch die Konsequenz, operative Führungskräfte zu versetzen, wenn sie mit einer solchen Delegation von Verantwortung nicht zurechtkommen. Eine stärkere Delegation wird auch dadurch automatisch erreicht, dass man generell in den Unternehmen breitere Kontrollspannen einrichtet, das heißt, dass man einem Leiter möglichst viele Einheiten direkt unterstellt. Dadurch wird die Hierarchie flacher und einfacher, und der Leiter hat schon aus zeitlichen Gründen gar nicht die Möglichkeit, ständig in Einzelheiten seiner ihm unterstellten Einheiten einzugreifen.

Zum Thema Zentralisierung, Dezentralisierung und Aufgabenverteilung innerhalb eines Konzerns gibt es neue, interessante Entwicklungen, die durch die modernen Arbeitsweisen und verschiedene Technologien, insbesondere Informationstechnologie, möglich geworden sind. Ich spreche hier von der stärkeren Nutzung und Ausgestaltung von so genannten Shared Services. Das heißt: Viele Back-Office-Funktionen und Dienstleistungen sind stärker zusammengefasst und können den operativen Einheiten effizienter und kostengünstiger zur Verfügung gestellt werden, als wenn diese Dinge in jeder Einheit direkt angesiedelt wären. Hier liegen in vielen Konzernen noch gewaltige Rationalisierungsreserven.

Zusätzliche Richtlinien

Neben den erwähnten grundsätzlichen Fragen der Organisationsstruktur muss man überlegen, inwieweit zusätzliche Richtlinien und Arbeitsanweisungen erstellt werden müssen, um die reibungslose Funktion des Unternehmens zu gewährleisten. Wenn ich auch hier ganz allgemein empfehle, möglichst wenig im Einzelnen zu regeln, so gibt es doch Gebiete, wo dies notwendig ist – zum Beispiel im Bereich der Informationstechnologie, des Rechnungswesens und bei Produktionsprozessen. Von großer Bedeutung ist die Erstellung allgemeiner Policies, die für die einheitliche Ausrichtung des Unternehmens notwendig sind und die dann im von ihnen vorgegebenen Rahmen mehr Delegation an die operativen Einheiten ermöglichen. Zu viele Regeln engen jedoch den Spielraum der Führungskräfte zu stark ein, verhindern Flexibilität und Initiative und tragen der Verschiedenartigkeit von Situationen oft nicht genügend Rechnung.

Häufig findet man auch umfangreiche Aufgabenbeschreibungen für einzelne Positionen. Diese Detailbeschreibungen halte ich ebenfalls für wenig sinnvoll. Sie bestehen aus Sätzen wie: »Der Leiter der Debitorenbuchhaltung hat die Aufgabe, die Debitorenbuchhaltung zu leiten.«

Wichtig sind einzelne Abklärungen und Festlegungen jedoch dann, wenn es zum Beispiel darum geht, die Aufgaben- und Kompetenzverteilung zwischen zwei Abteilungen festzulegen oder aber die Zusammenarbeit und wechselseitige Information zwischen einzelnen Bereichen zu regeln. Auch muss manchmal auf Aufgaben explizit hingewiesen werden, die von einzelnen Leitern nicht so konkret gesehen werden. Zum Beispiel sollte ein Werksleiter nicht nur intern alle Funktionen ausüben, die zur Werksleitung gehören. Er ist gleichzeitig Repräsentant des Werkes gegenüber dem gesamten Umfeld und muss von daher gewis-

se Aufgaben im gesellschaftlichen Bereich wahrnehmen, er muss Kontakte pflegen.

Ganz kurz möchte ich noch darauf hinweisen,
dass es darüber hinaus auch die Notwendigkeit
gibt, bestimmte Arbeitsabläufe oder Prozesse festzulegen. Aber auch hier bin ich der Meinung, dass
man sich auf das Notwendigste beschränken sollte. Abgesehen von der Praxisferne vieler solcher
Regelungen wird oft vergessen, dass sie eine ständige Anpassung und Aktualisierung erfordern, um
den Veränderungen im Unternehmen Rechnung zu
tragen. Dadurch entstehen viele unnötige Kosten.

Veränderte Arbeitsabläufe und -prozesse hat es
in jüngerer Zeit reichlich gegeben. Die moderne
Informationstechnologie hat die Arbeitsweise in
den Büros schon sehr stark verändert und wird
sie weiter verändern. Personal Computer, Laptops
und Handys versetzen die Mitarbeiter mehr und
mehr in die Lage, bestimmte Arbeiten an jedem
beliebigen Ort auszuführen. Sei es unterwegs auf
Reisen oder sei es zu Hause. Schreibkräfte werden
zum Teil überflüssig, da in zunehmendem Maße
auch Führungskräfte ihre Mitteilungen über E-
Mails selber schreiben und empfangen. Arbeitsplätze werden dadurch flexibel und delokalisiert
und können von verschiedenen Mitarbeitern benutzt werden. Statistiken und Mitteilungen müssen nicht mehr separat aufgeschrieben werden. Sie
werden von den entsprechenden Mitarbeitern und
Führungskräften direkt vom Computer abgerufen.
Dieser Prozess ist noch voll im Gange, und er wird
im Übrigen vielen Müttern und Vätern neue Mög-

lichkeiten bringen, Kindererziehung, Hausarbeit und Büroarbeit flexibel miteinander zu verbinden, da viele Arbeiten zukünftig zu Hause erledigt werden können.

Abschließendes zum Thema Unternehmensorganisation

Je kleiner ein Unternehmen ist, desto weniger sind allgemeine Regelungen und Strukturfestlegungen notwendig, da das Unternehmen einfach zu überschauen ist. Unternehmen, die in eine bestimmte Größenordnung kommen, übertreiben oft in der Anfangsphase mit solchen Systemen, weil sie glauben, sie müssten nun auch »modern« sein und ihren Betrieb systematischer und wissenschaftlicher führen. Dazu werden sie oft von Beratern verführt oder von eigenen Stabsmitarbeitern, die ihre Kenntnisse anwenden und ihre Wichtigkeit beweisen wollen. Auch in großen Unternehmen werden solche Dinge oft übertrieben, wodurch die Organisation in Bürokratie ausartet. Ich habe in diesem Zusammenhang immer gesagt: »System befreit, Bürokratie behindert«, und die Forderung aufgestellt: »More pepper, less paper.« Ich glaube, »more pepper« habe ich in meiner aktiven Zeit erreicht, dagegen leider nicht genügend auf dem Sektor »less paper«...

Generell ist es in jedem Unternehmen eine der wichtigsten Entscheidungen, die viel Intelligenz und Erfahrung erfordert, die Organisation, die Systeme und die Regelungen jeweils der Größe und der Struktur des Unternehmens anzupassen, das heißt weder nach unten noch nach oben zu übertreiben. Oft wurde ich gefragt: »Kann man denn ein großes Unternehmen noch übersehen, und bis zu welcher Größenordnung kann man ein Unternehmen noch vernünftig führen?« Ich habe dazu immer gesagt, dass man jede Größenordnung, jede Struktur führen kann – es hängt einzig davon ab, welche Organisation man dem Unternehmen gibt und welchen Führungsstil man pflegt.

Benötigt man dabei die Hilfe von externen Beratern? Diese werden ja in organisatorischen Fragen (wie auch zum Teil für andere Bereiche) oft hinzugezogen. Die Auffassungen über den Zweck solcher Beratungsprojekte gehen bekanntlich weit auseinander. Ich meine, dass Berater, richtig eingesetzt, sehr sinnvoll sein können:

1. Sie bringen ein gutes Know-how mit und erstellen auf der Basis von systematischen Analysen prozessoptimierende Lösungsvorschläge.

2. Durch ihre Tätigkeit für andere Unternehmen aus vielen Teilen der Wirtschaft können sie neue Ideen in das Unternehmen bringen.

3. Sie stehen logischerweise unter Markt- und Gewinndruck, müssen also Leistungen und Ergebnisse erbringen, die sie zeitweise »unentbehrlich« machen.

Entscheidend ist, dass Berater ein klares Briefing erhalten und man ihnen nicht nur sagt: »Please help me.« Darüber hinaus müssen die Beratungsaktivitäten vom Topmanagement ständig kritisch begleitet, aber auch unterstützt werden.

Eine Organisationsstruktur muss sich im Übrigen auch an die vorhandenen menschlichen und fachlichen Ressourcen und Führungskräfte anpassen, andernfalls entstehen Schwierigkeiten in der praktischen Durchführung. Falls man allerdings der Meinung ist, dass gewisse Strukturen und Systeme letztlich für die Größenordnung des Unternehmens notwendig sind, muss man mittelfristig Führungskräfte haben, die in der Lage sind, damit umzugehen.

Um Fehler möglichst zu vermeiden, ist es auch sehr sinnvoll, alle Richtlinien und Änderungen jeweils mit den betroffenen Führungskräften und Mitarbeitern intensiv zu besprechen. Jede Organisation wird besser, indem sie die praktischen Erfahrungen der Mitarbeiter in ihre Überlegungen einbezieht.

Neuerdings wird von Organisationsexperten und auch von Beratern oft ein so genanntes Outsourcing empfohlen (wie zum Beispiel die Ausgliederung der Buchhaltung, Informationstechnologie und ähnlicher Dinge nach Osteuropa oder Indien). Man meint, dadurch Kosten zu sparen, weil die Arbeitskräfte anderswo billiger sind. Teilweise ist dieser Trend verständlich, dabei werden aber oft gewisse Dinge nicht berücksichtigt, die dann zu Rückschlägen führen. Durch Outsourcing wird die Kommunikation häufig erschwert, mit den ausgegliederten Aufgaben werden Menschen befasst, die weniger konkrete Kenntnisse des Unternehmens oder des Landes haben, und man reißt neue Lücken auf, die durch zusätzliche administrative

Maßnahmen oder Formulare überbrückt werden müssen. Dadurch werden auch oft nicht alle Kostenvorteile erzielt, die man angenommen hat.

Ich habe – sinnvolles – Outsourcing schon vor 30 Jahren betrieben, als dieses Wort noch gar nicht erfunden war. So habe ich zum Beispiel Druckereien oder Speditionsunternehmen verkauft, weil es sich hier um Aufgaben handelte, die Dritte viel besser und rationeller ausführen konnten, und sich dadurch die Fixkosten des Unternehmens reduzierten. In diesem Zusammenhang plädiere ich auch gegen eine zu starke Vertikalisierung des Unternehmens, das heißt die Übernahme von Aufgaben entweder der Vorstufe oder der nachgelagerten Stufe von Unternehmen. Dazu gehört im Falle *Nestlés* beispielsweise die Vermeidung des »Agro-Business«, der Verzicht auf die Herstellung von Verpackungsmaterial und Ähnlichem. Dadurch werden die Flexibilität, die Möglichkeiten zur Markt- sowie Bedarfsanpassung erhöht und die Fixkosten gesenkt.

Knapp zusammengefasst lässt sich zur Unternehmensorganisation Folgendes sagen: Je größer und komplexer ein Unternehmen ist, desto mehr müssen organisatorische Maßnahmen ergriffen und Regelungen eingeführt werden. Ich warne aber auf jeden Fall vor zu starker Zentralisierung und Überregulierung, weil dadurch ein Unternehmen immer schwerfälliger wird und solche Dinge sich auf die Mitarbeiter eher demotivierend auswirken.

Kapitel 9

Finanzpolitik und Finanzberichterstattung

Über Finanzpolitik und Finanzberichterstattung gibt es eine Unzahl von Büchern, Dokumenten und Ausarbeitungen vor allem von unternehmensexternen Experten und natürlich auch Unterlagen und Policy-Statements von den Unternehmen selbst. Die Thematik ist sehr vielfältig und umfangreich, weshalb es nicht verwunderlich ist, dass darüber dicke Wälzer von sehr gescheiten Leuten und Kapazitäten geschrieben wurden.

Damit kann und will ich mit meinem Management-Brevier nicht konkurrieren. Vielmehr habe ich die Absicht, an einige einfache oder gar banale Wahrheiten und Grundsätze zu erinnern, einige Themen mit meiner praktischen Erfahrung zu beleuchten sowie auf einige Aspekte hinzuweisen, die mir am Herzen liegen oder die meines Erachtens zu wenig beachtet werden. Ich will auch auf einige Modeerscheinungen oder Tendenzen hinweisen, denen gegenüber ich kritisch eingestellt bin.

Eine der finanzpolitischen Grundfragen (wenn nicht die Grundfrage überhaupt) ist das Streben nach größtmöglicher Kapitalrentabilität bei gleichzeitiger Beachtung von Sicherheit und Vermeidung von nicht vertretbaren Zielsetzungen. Natürlich ist die Hauptquelle des Gewinns das Geschäft als solches – mitsamt den damit einzugehenden Wagnissen. Darüber hinaus können aber finanzpolitische Maßnahmen den Ertrag zum Teil erheblich beeinflussen.

Die Rentabilität des Eigenkapitals kann, wie jeder weiß, am besten gesteigert werden, wenn das Eigenkapital möglichst klein gehalten wird und der größte Teil des Geschäftes durch Fremdkapital finanziert wird. Dieser Grundsatz gilt natürlich nur, solange die Zinskosten abzüglich Steuern niedriger sind als die mit Eigenkapital zu erzielende Rendite (»Leverage-Effekt«). Ein solche maximale Nutzung des Leverage kann man sich umso mehr leisten, wenn das Unternehmen nachhaltig profitabel ist und insbesondere ein positiver Cashflow erzielt wird. Mehr Leverage ist auch möglich, wenn das Unternehmen breit abgesichert ist – zum Beispiel, wenn das Geschäft in sich sehr stabil ist, ein breites Produktfolio vorhanden ist oder das Unternehmen international aufgestellt ist. Schließlich kann ein finanzkräftiger Investor oder Eigentümer, der sonstiges Kapital besitzt oder dem auch andere Firmen gehören, höhere Risiken eingehen, da sein Schicksal nicht allein von dem betreffenden Unternehmen abhängt und er im Bedarfsfall zusätzliches Kapital einsetzen kann. In diesem Zusammenhang möchte ich ein Bonmot zum Besten geben. Ein amerikanischer Professor sagte mir einmal: »There are two ways of doing business. Either you can eat well or you can sleep well.«

Der Gewinn kann natürlich auch durch die Art, wie Fremdkapital beschafft wird, beeinflusst werden. Zunächst ist die Frage zu klären, ob man sich kurz- oder langfristig fremdfinanziert oder in welchem Mischungsverhältnis man dies anstrebt. Langfristiges Kapital bedeutet zunächst mehr Sicherheit, gleichzeitig verliert man Flexibilität in Bezug auf die schwankenden Zinsen. Deshalb sollte man langfristiges Kapital besonders dann beschaffen, wenn das Zinsniveau sehr niedrig ist.

Eine Frage ist auch, in welcher Währung man sich die Kredite beschafft oder wie man bestimmte Kredite in andere Währungen überführt. Hier spielen einerseits die unterschiedlichen Zinskosten eine Rolle, andererseits und insbesondere die Erwartung, ob eine Währung auf- oder abgewertet wird.

Ich erwähne in diesem Zusammenhang ein Beispiel aus meiner Tätigkeit: die Akquisition der amerikanischen Firma *Carnation* durch *Nestlé* für einen Betrag von 3,5 Milliarden US-Dollar. Im Rahmen dieser Akquisition haben wir uns weitgehend und kurzfristig in US-Dollar verschuldet, weil wir eine Abwertung des Dollars erwarteten. Diese ist dann auch in erheblichem Umfang eingetreten, wodurch der Rückzahlungsbetrag wesentlich geringer war – unser Nettobetrag für die Akquisition in Schweizer Franken wurde erheblich reduziert. Im Übrigen ist durch das moderne Investment-Banking die Palette von Fremdfinanzierungsmöglichkeiten und -mitteln erheblich erweitert worden, und hier kann man mithilfe der

Investment-Banken zu erheblichen Verbesserungen und Optimierungen kommen.

Eine indirekte Fremdfinanzierung besteht auch durch das Instrument des Leasings. Hier müssen Steuern, Kosten und Flexibilitäten gegeneinander abgewogen werden. Dies lohnt sich insbesondere bei einer großen Fahrzeugflotte, aber auch bei einem Maschinenpark oder bei Gebäuden. Viele Unternehmen sind der richtigen Auffassung, dass es sich für Industrielle nicht lohnt, in Immobilien und Gebäude zu investieren, weil die Industrie in der Lage ist, mit ihren eigenen Aktivitäten höhere Renditen zu erzielen.

In Aktiengesellschaften spielt natürlich auch die Dividendenpolitik eine wichtige Rolle. Tendenziell wird heute angestrebt, eine möglichst hohe Dividende im Verhältnis zum Nettogewinn auszuschütten. Tendenziell wird der Aktienkurs dadurch positiv beeinflusst, und außerdem hat ja der professionelle Aktionär sowie auch die Volkswirtschaft insgesamt ein Interesse daran, einen hohen Ausschüttungsbetrag zu erhalten, um dieses Geld dann wieder in solchen Firmen anzulegen, die aus der Sicht des Investors für die Zukunft die besten Renditen bringen. Diese Politik steckt auch oft hinter den Forderungen von Finanzinvestoren, Unternehmen in verschiedene Firmen aufzuteilen und es so dem Aktionär zu überlassen, wo er investiert – statt die Unternehmen selbst die Allokation von Finanzmitteln vornehmen zu lassen und damit vielleicht notleidende Geschäftszweige für eine gewisse Zeit durchzuschleppen. In den meisten Fällen scheint es mir aber eher richtig, keine Aufteilung vorzunehmen, weil das Gesamtgeschäft mit den unterschiedlichen Synergien oft eine größere Gesamtrendite ergibt oder aber Geschäftszweige, die noch nicht so gewinnbringend sind, durch eine langfristige Politik auf eine normale Rentabilität gebracht werden.

Natürlich haben unterschiedliche Aktionäre zum Teil verschiedene Interessen bezüglich der Dividendenpolitik. Es gibt Aktionäre, die zum Beispiel aus steuerlichen Gründen nicht an einer hohen Dividende interessiert sind oder vielleicht aktuell keine Liquidität brauchen, ihnen ist mehr an einer steuerfreien Erhöhung des Aktienwertes gelegen. In diesem Zusammenhang ist ja der Aktienrückkauf populär geworden. Dieser ist natürlich sinnvoll, wenn das Unternehmen insgesamt zu viel Eigenkapital hat und durch Rückkauf der Aktien der Wert der am Markt verbleibenden Aktien erhöht wird. Dies trifft natürlich nur dann zu, wenn (netto/netto) die Zinskosten für das neu aufzunehmenden Fremdkapital geringer sind als die Rentabilität der zurückgenommenen Aktie. Auch hier sollten lang- und kurzfristige Überlegungen eine Rolle spielen. Manchmal riechen solche Maßnahmen leider sehr nach kurzfristigem, vordergründigem Verhalten.

Familienunternehmen

Einige spezielle Bemerkungen möchte ich zu Familienunternehmen machen. Diese haben ja oft den berechtigten Wunsch, Herr im eigenen Hause zu bleiben oder mindestens die Mehrheit des Unternehmens zu behalten. Das hat häufig sehr viele unternehmenspolitische Konsequenzen. Wenn expandiert werden soll, dann sind die Expansionsmöglichkeiten und -wünsche oft so groß, dass sie mit dem vorhandenen Familienkapital nicht verwirklicht, nicht erfüllt werden können. Deshalb muss nach Möglichkeiten gesucht werden, die Kontrolle über das Unternehmen zu behalten, ohne die Expansion zu verhindern. Ich möchte die Möglichkeiten nur stichwortartig aufzählen:

1. Extensive Kreditaufnahme – natürlich mit der Konsequenz der Risikoerhöhung.
2. Hereinnahme eines stillen Teilhabers oder einer Equity-Beteiligung, sofern hier vereinbart werden kann, dass der betreffende Investor keinen übermäßigen Einfluss auf das Unternehmen nehmen möchte.
3. Die Ausgabe von Vorzugsaktien, die bekanntlich kein Stimmrecht haben, sowie die Ausgabe von Stammaktien, sofern man trotzdem noch mehr als 50 Prozent behält.

Die früher angewandte Methode, einzelnen Aktien höhere Stimmrechte zu geben, wird immer problematischer und ist heute auf dem Kapitalmarkt eigentlich nicht mehr akzeptiert. Ferner gibt es bei Familiengesellschaften oft Probleme innerhalb der Familie, welche durch die Generationenfolge und die steigende Zahl der Nachkommen immer zahlreicher werden. Hier müssen innerhalb der

Familie Strukturen gefunden werden, die allen Familienmitgliedern gewisse Rechte geben, aber gleichzeitig Vertreter und Bevollmächtigte ernannt werden, die im Prinzip das Geschäft führen oder die Gesellschafterrechte ausüben.

Ein Problem in Familienunternehmen betrifft oft die Regelung der Nachfolge. Ich empfehle hier in der Regel einen Beirat, der aus Nichtfamilienmitgliedern besteht, der aber die Kompetenz hat, die Nachfolge zu regeln – mit der Maßgabe, dass bei gleichwertigen oder besseren Qualitäten ein Familienmitglied den Vorzug erhält, aber anderenfalls im Interesse der Vermögenserhaltung und im Hinblick auf die Sicherung der Arbeitsplätze ein Nichtfamilienmitglied als Geschäftsführer berufen wird.

Pflege des Kapitalmarktes

Die Aufgabe der Pflege des Kapitalmarktes wird heute mit dem Begriff »Investor-Relations« umschrieben. Es ist bekannt, dass Unternehmensführer und Finanzvorstände viel mehr Zeit mit Investor-Relations zubringen, als es beispielsweise vor 20 oder 25 Jahren noch der Fall war. Dies ist einerseits notwendig, aber andererseits fehlt natürlich die Zeit, die man damit zubringt, für die eigentliche Geschäftsführung. Ich wurde mehrfach kritisiert, dass ich mit den einzelnen Investorengruppen oder Finanzanalysten zu wenig Zeit zugebracht hätte. In der Regel gab ich die Antwort, dass der Finanzvorstand diese Aufgabe genauso

gut wahrnehmen könne und ich mit der zusätzlichen Zeit, die mir somit zur Verfügung stünde,
das Unternehmen besser und ertragreicher führen
könnte, was ja letztlich den Aktionären und den
Investoren zugute käme.

Kritisiert wurde auch, dass ich den Vorschlägen
von Finanzanalysten nicht gefolgt bin, weil ich
anderer Meinung war – in der Annahme, dass ich
aufgrund meiner langjährigen Erfahrung in der
Geschäftsführung bestimmte Situationen besser
beurteilen könne als ein junger Finanzanalyst, der
vielleicht noch keine Fabrik von innen gesehen hat.
Besonders kritisch war es natürlich, wenn es sich
um Vorschläge handelte, die zwar kurzfristig den
Gewinn erhöht, aber langfristig dem Unternehmen
nicht gedient hätten. In diesem Fall pflegte ich
jeweils zu sagen: »Kurzfristig sind manchmal die
Meinungen wichtiger als die Tatsachen, langfristig
sind jedoch die Tatsachen wichtiger als die Meinungen.« Und jeder, der willens war, die mittel- bis
langfristige Entwicklung unseres Unternehmens
wie auch den Aktienwert über eine längere Periode
zu betrachten, musste mir schließlich Recht geben.
Insgesamt ist es aber aus vielen Gründen richtig,
dem Thema Investor-Relations mehr Aufmerksamkeit zu schenken. Schließlich hat der Aktionär
ein Recht, gut informiert zu sein, und insgesamt
wird dadurch im Kapitalmarkt ein positives Image
verbreitet, mit all den damit verbundenen Vorteilen für das Unternehmen. Auch eine langfristige
Steigerung des Shareholder-Values muss im Interesse aller Beteiligten sein.

Natürlich kann man sagen (unabhängig von den verschiedenen Interessen einzelner Aktionäre): So wichtig der Shareholder-Value besonders im kurz- bis mittelfristigen Bereich für ein Unternehmen an sich ist, so gibt es natürlich auch ein klares finanzielles Interesse des Unternehmens am Shareholder-Value, wenn es an den Kapitalmarkt gehen und sein Aktienkapital erhöhen möchte. Je höher der Aktienwert, desto geringer die Kosten der Kapitalbeschaffung! Diesen Punkt soll man aber auch nicht überbewerten. Im Fall *Nestlé* zum Beispiel haben wir so viel Selbstfinanzierung betrieben können, dass wir trotz starker Expansion den Kapitalmarkt nicht in Anspruch nehmen mussten. Und im Übrigen wäre die Kostendifferenz für eine solche Kapitalmarktbeschaffung im Verhältnis zu anderen Faktoren, von denen unser Gewinn abhängt, relativ niedrig gewesen. In unserem Markenartikelunternehmen mit starker Rohstoffabhängigkeit hätte ein Fehler in der Rohstoffeinkaufspolitik oder ein Verlust von Marktanteilen sich auf das Unternehmen wesentlich stärker ausgewirkt!

Ich möchte diesen finanzpolitischen Teil wie folgt zusammenfassen:

1. Durch mehr Leverage können der Gewinn pro Aktie beziehungsweise die Rentabilität des Eigenkapitals erhöht werden. Es muss jedoch das damit verbundene höhere Risiko berücksichtigt werden.
2. Bei der Beschaffung des Fremdkapitals muss

eine ganze Palette von Überlegungen angestellt werden, um diese Maßnahmen gewinnoptimierend zu gestalten. Eine professionelle Beratung ist unerlässlich.

3. Die Unternehmen sollten besonders den kurzfristigen Pressures, die heute zum Teil vom Kapitalmarkt ausgehen, standhalten – im langfristigen eigenen Interesse und dem ihrer Aktionäre.

Schließen möchte ich diesen Abschnitt mit einer Anekdote. Als ich vor vielen Jahren anlässlich der Jahresversammlung der Vereinigung der Schweizer Privatbanken die Festrede gehalten habe und die Diskussion stark von der damals sich gerade verstärkenden Betonung des Shareholder-Values beherrscht war, habe ich am Schluss gesagt: »And above all, I do hope that we all share in our lives more values than just the share value.« Dem habe ich auch aus heutiger Sicht nichts hinzuzufügen.

Finanzberichterstattung

Mit der weltweiten Erweiterung des Aktionärskreises, der Entwicklung des Kapitalmarktes und aller damit verbundenen Unternehmen und Institutionen, dem gestiegenen öffentlichen Interesse an Finanzfragen sowie schließlich der wachsenden Bedeutung der einschlägigen Medien hat auch die Finanzberichterstattung der Unternehmen an Umfang und Substanz zugenommen.

Das Ziel der Finanzberichterstattung ist, die Investoren, die finanziellen Institutionen, die allgemein interessierte Öffentlichkeit und schließlich auch die Wissenschaft über die wirtschaftliche Entwicklung der Unternehmen zu informieren. Dazu dienen unter anderem der Geschäftsbericht, Presse- und Investorenkonferenzen, Presseveröffentlichungen sowie Interviews der Unternehmensspitze.

Der Inhalt der Berichte umfasst die vergangene und gegenwärtige Entwicklung sowie zunehmend auch Aussagen über die Einschätzung der Zukunft. Er deckt das gesamte Geschehen ab – wie zum Beispiel Umsätze, Erträge, Cashflow, Finanzstruktur (etwa das Verhältnis von Fremdverschuldung zu Eigenkapital oder der Grad der Liquidität), Produktivitäts- und Kostenentwicklung wie auch Marktanteile, Beschäftigtenzahlen sowie Aufteilungen nach Produkten, Regionen und so weiter. Immer häufiger werden auch Informationen über Topmanagement, Organisationsstrukturen, Aktionärskreis, Verwaltungsrat und andere Dinge gefordert, die mit den neuen Regeln der Corporate Governance zusammenhängen. Darüber hinaus soll die Berichterstattung auch allgemeine Aktivitäten umfassen, wie zum Beispiel ökologische und soziale Fragen sowie das allgemeine Engagement des Unternehmens in der Gesellschaft.

Ich möchte mich hier mehr mit der Finanzberichterstattung im engeren Sinne befassen und mit einigen speziellen Aspekten schließen, über die ich meine, einige Bemerkungen machen zu sollen.

Generell ist festzustellen, dass insbesondere aufgrund der vielen Anforderungen die Geschäftsberichte einen Umfang angenommen haben, der fast nicht mehr zu verdauen ist und im Übrigen auch zusätzlich Kosten verursacht. Neuerdings ist eine deswegen begrüßenswerte Tendenz festzustellen (wenn sie auch in Europa noch nicht praktiziert wird), nämlich die eigentliche finanzielle Berichterstattung im engeren Sinne in einem Geschäftsbericht zusammenzufassen und alle anderen Informationen in einem allgemeineren, an verschiedene auch nichtfinanzielle Zielgruppen gerichteten Dokument festzuhalten.

Generell wurden in jüngerer Zeit von Investoren, Aktionären und den Medien Zwischenberichte verlangt. Dies ist grundsätzlich in Ordnung. Das deutsche Aktiengesetz schreibt Halbjahresberichte ja inzwischen vor. Ich halte aber nichts von den gegenwärtig oft verlangten vollständigen vierteljährlichen Berichten zur Beurteilung eines Unternehmens. Denn erstens führt dies beim Management zum kurzfristigen Denken. Und wenn man um die Problematik des Jahresberichtes bezüglich seiner Genauigkeit weiß, dann lässt sich zu den ausführlichen Quartalsberichten eigentlich nur sagen: »They are more misleading than enlightening.« Für mich war der Berichtszwang seinerzeit ein Grund, nicht an die New Yorker Börse zu gehen.

Was den Inhalt der Berichte betrifft, so wird gegenwärtig zu viel über EBITA – Gewinn vor Zinsen, Steuern und Abschreibungen auf immaterielle Vermögensgegenstände – gesprochen. Dies ist bekanntlich eine Zahl, die viele Unternehmen in einem günstigeren Licht erscheinen lässt, als es in Wirklichkeit der Fall ist, da bei dieser Kennziffer die Abschreibungen, die außerordentlichen Aufwendungen, die Steuern und die Zinskosten noch nicht abgezogen sind. Der Grund für ihre Beliebtheit liegt wahrscheinlich darin, dass viele Unternehmen ihr Image, den Shareholder-Value und die allgemeine Meinung positiv beeinflussen wollen – indem beispielsweise Goodwill-Abschreibungen auf zu teuer erworbene Firmen oder erhöhte Abschreibungen aufgrund nicht ausgelasteter Kapazitäten unter den Tisch fallen. Zurzeit scheint sich diese Tendenz jedoch wieder zu ändern, und man kommt wieder mehr auf die eigentlich wichtigen, auf die letztendlich entscheidenden Ergebniszahlen zurück, wie etwa ROI (Return-on-Investment), Nettogewinn und Cashflow. Nicht zufällig sagt man in Analystenkreisen: »Cash is king.«

Eine wichtige Größe ist meines Erachtens auch der so genannte Economic Profit, mit dem der Gewinn gezeigt wird, der über den normalen langfristigen Zins für das Kapital hinaus erzielt wird (schon früher haben wir in Seminaren gelernt, dass man, wenn man unternehmerisch tätig ist, einen Gewinn erzielen muss, der über dem langfristigen Zinssatz liegt, weil sich sonst das Eingehen von Risiken nicht lohnt).

Zu wenig wird meines Erachtens über die Faktoren berichtet, die letztlich zu einem positiven Return-on-Investment führen, nämlich der Umsatz, der Gewinn und der Umschlag des

Kapitals. In diesem Zusammenhang wird auch zu wenig von der Höhe des Working Capitals berichtet, welches diese Endziffern bekanntlich stark beeinflusst. Ebenso wird zu wenig das nicht betriebsnotwendige Vermögen, von dem man keine Erträge erhält, beachtet und kritisch angesehen. Auch die so genannte Marginal Contribution wird oft zu wenig beachtet, obwohl mit dieser Zahl der Einfluss berechnet werden kann, der sich bei schwankenden Umsätzen auf den Gewinn ergibt.

Bei den Fixkosten sollte man mehr analysieren, inwieweit es sich hierbei um Kosten mit investivem Charakter für die langfristige Entwicklung handelt (zum Beispiel Forschung, Investitionen in die Marke oder in die Schulung des Personals) oder nur um reine Overheads, die zwar bezahlt werden müssen, aber dem Unternehmen langfristig wenig bringen. Auch die Wettbewerbssituation und die Innovationsfähigkeit des Unternehmens spielen für die zukünftige Entwicklung eine größere Rolle als viele andere Ziffern, und auch der Wert der Marke(n) ist als zukünftige Erfolgsgarantie bedeutsam. Er kann zwar schwer berechnet werden, es lohnt sich aber, darüber nachzudenken. Wenn es um den Wettbewerb geht, so können Produktivitätskennziffern Hinweise auf die Wettbewerbsfähigkeit geben. Also zum Beispiel Output pro Stunde, Umsatz pro Mitarbeiter, Umsatz pro Kunde und die Fragen: Ist das Sortiment angemessen oder gibt es zu viele Artikel mit geringen Umsätzen? Wie sieht der Betrag pro Rechnung aus? Sodann sollte man besonders auf die Personalfluktuation einschließlich der Fluktuation im Topmanagement achten. Sie kann ein guter Indikator für Unzufriedenheit und Mangel an Motivation sein. Zu diesem Thema hat kürzlich Jack Welch, der bekannte und sehr erfolgreiche ehemalige CEO von *General Electric*, gesagt: »Es gibt drei Schlüsselindikatoren, die wirklich deutlich machen, was Sache ist: Mitarbeiterzufriedenheit, Kundenzufriedenheit und Cashflow.«

Man sollte ferner beachten, dass bei den unterschiedlichen Unternehmensbranchen auch das Gewicht einzelner Zahlen unterschiedlich zu bewerten ist. Beispielsweise spielen bei Handelsunternehmen die Bestände, der Umschlag des Umlaufvermögens sowie die eventuell vorhandenen Ladenhüter eine große Rolle. Bei Versicherungen muss man sehen, wie gut das technische Ergebnis ist (also, vereinfacht gesagt, das Prämienaufkommen abzüglich Auszahlungen und zukünftiger Verpflichtungen) und wie viel die Vermögenserträge zum Gewinn beitragen. Bei Banken wiederum spielen unter anderem die Summe der verwalteten Vermögen, die ausgegebenen Kredite, die verschiedenen Quellen der Erträge (wie zum Beispiel Eigengeschäft, Kommissionen oder generell Erträge aus Investment-Banking, aus Private Banking und aus dem übrigen kommerziellen Geschäft) eine Rolle.

Insgesamt wäre es zu wünschen, dass die Finanzberichterstattung auf die wesentlichen Kennziffern konzentriert, klarer, übersichtlicher und nach Möglichkeit kürzer wird.

Rechnungslegung

Abschließend noch ein Wort zu dem Trauerspiel der Entwicklung der internationalen Rechnungslegung in den letzten 20 Jahren. Wir haben es immer noch nicht geschafft, zu einer internationalen Vereinheitlichung des Rechnungswesens zu kommen, obwohl die USA und die Europäer sich inzwischen angenähert haben. Einer der Gründe liegt darin, dass sich die USA überhaupt nicht flexibel gezeigt haben und keine Kompromisse eingegangen sind. Ich habe in den neunziger Jahren des vergangenen Jahrhunderts als Präsident des European Round Table of Industrialists (ERT) versucht, durchzusetzen, dass man zu einer einheitlichen Lösung kommt, wenigstens aber zu einer gegenseitigen Anerkennung der Unterschiede. Da jedoch immer mehr große europäische Unternehmen trotz der nicht gelösten Probleme an die New Yorker Börse gingen, wurde meine Position geschwächt, und ich habe zum Schluss den Kampf verloren. (Heute wären bekanntlich viele Firmen froh, wenn sie nicht an die New Yorker Börse gegangen wären. Im Übrigen sind heute etwa 30 Prozent des *Nestlé*-Aktienkapitals – breit gestreut – in amerikanischen Händen, ohne dass wir an die New Yorker Börse gegangen sind.)

Ein weiteres Problem sind die ständigen, vielen Änderungen in den Grundlagen der Rechnungslegung, die den Buchhaltungsabteilungen in allen Firmen viel Kopfzerbrechen und Mehrarbeit verursachen und im Übrigen die Vergleichbarkeit verschiedener Jahre wesentlich erschweren. Insgesamt werden die Rechnungslegungsvorschriften immer komplizierter, ohne dass dadurch meines Erachtens der Informationsgehalt erhöht oder die Übersicht verbessert wird. Eine besondere Tragödie stellen die vielen Veränderungen in der Behandlung des Goodwills dar. Wir haben früher den Goodwill, der bei Akquisitionen entstand, direkt über das Kapital abgeschrieben, was natürlich problematisch war, weil dadurch das Eigenkapital optisch reduziert und die Eigenkapitalrendite optisch erhöht wurde. Außerdem ist dadurch der Goodwill-Anteil an der Akquisition nicht mehr in der Gewinn- und Verlustrechnung erschienen. Später hat man sich dann darauf geeinigt, den Goodwill beispielsweise über 20 Jahre, also 5 Prozent pro Jahr, abzuschreiben. Das war aus meiner Sicht eine vernünftige Handhabung, auch wenn sie im Einzelnen nicht immer genau der Art des Goodwills Rechnung trug. Neuerdings wird nun der Goodwill gar nicht mehr abgeschrieben, sondern man ermittelt jedes Jahr den so genannten Fair Value dieses Betrages, einen hypothetischen Marktpreis, der kaum zuverlässig ermittelt werden kann. Wie soll man beispielsweise einen darin enthaltenen Markenwert in seiner Höhe genau ermitteln? Die Gewinnausweise werden so meines Erachtens willkürlicher, und es wird auch zu endlosen Diskussionen zwischen Wirtschaftsprüfern und den Unternehmen kommen. Wir haben einfach, wie in vielen anderen Dingen, eine hervorragende Begabung, alles komplizierter zu machen, ohne dass dadurch mehr Aussagekraft entsteht.

Kapitel 10

Innovation und Forschung

Innovation soll dazu dienen, die Wettbewerbsfähigkeit eines Unternehmens nachhaltig zu
stärken und damit Bestand und Erfolg des Unternehmens langfristig zu sichern. Deshalb habe ich
in Kapitel 7 unter den Führungseigenschaften die
Fähigkeit zur Schaffung eines innovativen Klimas
aufgeführt. Es ist für den Unternehmenserfolg
wichtig und entscheidend, alles zu tun, um die
Innovationskraft, die Innovationsfähigkeit und
den Innovationswillen in einem Unternehmen zu
fördern. Hierbei geht es nicht nur um die drama-
tischen Innovationsschübe und Erfindungen, sondern um viele kleine, innovative Schritte, die ich
als Renovation bezeichne. Zu beachten ist, dass
natürlich nicht alles gut und »innovativ« ist, was
neu ist. Auch Neuerungen müssen deshalb kritisch
bewertet und beurteilt werden.

Das Innovationserfordernis bezieht sich nicht
nur auf neue Produkte, sondern auf alle Gebiete
des Unternehmens – die Technologie, die Methoden, die Organisation, die Personalpolitik, den
Führungsstil und so weiter. Eine ganz besondere
Rolle spielt Innovation natürlich bei der Schaffung

neuer oder der Verbesserung bestehender Produkte. Oft wird gefragt, woher denn die Ideen und
Anregungen für neue Produkte kommen sollen.
Die Antwort lautet: von überall. Vom Markt,
von der Marktforschung, von Mitarbeitern aus
allen Abteilungen, von Kunden, Lieferanten, der
Wissenschaft, Beratern und natürlich auch von
der Forschung im Unternehmen. Wichtig ist auch
die Mobilisierung oder die Anhörung von Leuten,
die sich nicht im Mainstream der Gedanken und
Trends bewegen. Sie haben oft die originellsten
Ideen. Im Französischen gibt es hierfür den Ausdruck: »Penser à coté.« Wir sollten uns deshalb
mehr Querdenker – auch im Unternehmen – wünschen (wenn auch keine »Querköpfe«).

Bezüglich der Innovation ist es eine wichtige Aufgabe des Managements, alle Anregungen und Ideen
zu sammeln, zu prüfen, zu bewerten – und dies ohne
vorgefasste Meinung. Wenn eine Produktidee sinnvoll oder attraktiv erscheint, muss oft mehr in die
Forschung investiert werden, um sie zu verwirk-
lichen.

Kreativitätsförderung

Ein wichtiger Faktor für die Erhöhung der Innovationsfähigkeit ist die Förderung der Kreativität.
Mehr Kreativität entsteht schon durch eine be-
wusste Auswahl von Mitarbeitern hinsichtlich ihrer kreativen, innovativen Begabung. Innovationsfähigkeit und Kreativität kann man bis zu einem

gewissen Grade auch durch Methoden, Systeme und Maßnahmen fördern.

Eine wirksame Methode besteht darin, dass man den Austausch über neue Ideen zwischen den einzelnen Unternehmensteilen, zwischen einzelnen Ländern oder Tochtergesellschaften fördert. Bei *Nestlé* nennen wir das Cross-Fertilization. Dies ist nicht immer einfach, da viele Menschen Neuerungen kritisch gegenüber stehen, wenn sie irgendwo anders oder von anderen Mitarbeitern erfunden wurden. Hier haben wir es mit dem so genannten Not-invented-here-Syndrom zu tun.

Man kann auch Meetings oder Konferenzen organisieren mit dem klaren Ziel, neue Ideen zu entwickeln. Eine nach wie vor gute Methode hierbei ist das Brainstorming, wo jeder aufgefordert ist, auch verrückte oder sinnlos erscheinende Ideen auf den Tisch zu bringen.

Eine andere Methode zur Schaffung von Innovation ist die Übertragung von bestimmten Ideen oder Techniken auf ein neues Gebiet. Beispielsweise wurde bei *Nestlé* die Pulverisierung und Sofortlöslichkeit von Milchpulver für dieses Produkt entwickelt und erfunden – und sie wurde dann später auch bei Kaffee angewandt. So entstand der sofort lösliche *Nescafé*. Wir wissen auch, dass für die Raumfahrt viele Dinge erfunden und entwickelt wurden, die man später auf anderen Gebieten sinnvoll anwenden konnte (man denke an die Bedeutung der Satelliten für die Telekommunikation).

Eine weitere Methode besteht darin, dass man

einzelnen Einheiten im Unternehmen mehr unternehmerische Verantwortung und auch Budgets gibt, um Dinge zu entwickeln. Man nennt dies »Intrapreneurship«. Große Firmen beteiligen sich auch an kleineren innovativen Firmen in der Hoffnung, dass dort Dinge entwickelt werden, die für das eigene Unternehmen innovativ und sinnvoll sein können. Ein Beispiel hierfür ist der gemeinsam von Nestlé und Inventages aufgelegte Fonds W. Health. *Nestlé* investiert über diesen Fonds 500 Millionen Euro in Gesellschaften mit neuen und viel versprechenden Aktivitäten im Bereich von Wissenschaft und Ernährung und ermöglicht diesen so ein rascheres Wachstum.

Um die Innovationsfähigkeit zu erhöhen, können und sollten also viele kreativitätsfördernde Maßnahmen ergriffen werden. Kreativitätsförderung ist besonders in großen Firmen erforderlich, die aufgrund von vergangenen Leistungen (noch) erfolgreich sind. Größe erfordert tendenziell ja mehr Regeln, mehr Bürokratie, mehr Administration und stärkere Arbeitsteilung. Dies alles tötet die Kreativität. Wir sollten daher auch organisatorisch und im Führungsstil Maßnahmen treffen, um dem entgegenzuwirken, zum Beispiel Dezentralisierung, Schaffung kleinerer Einheiten, Schaffung von selbstständigeren Business-Units, personalisierter Führungsstil und so weiter. Und schließlich gilt: Wenn man Innovation und Kreativität fördern will, sollte man zuvor alles tun, um Innovationen nicht zu verhindern! Ingeborg Nütten und Peter Sauermann zitieren in ihrem Buch *Die anonymen*

Kreativen, 1988, S. 163 f. Rosabeth Moss Kanters zehn provokante Regeln zur Blockierung von Kreativität, die wie folgt lauten:

»1. Betrachte jede neue, von unten kommende Idee mit Misstrauen – weil sie neu ist und weil sie von unten kommt.

2. Bestehe darauf, dass Personen, die deine Zustimmung für eine Aktion benötigen, auch die Zustimmung mehrerer höherer Ebenen einholen müssen.

3. Fordere Abteilungen oder Individuen auf, ihre Vorschläge gegenseitig zu kritisieren. (Das erspart die Mühe des Entscheidens; du musst nur den Überlebenden belohnen.)

4. Drücke Kritik umgehend aus und unterdrücke Lob. (Das hält die Leute unter Druck.)

5. Behandele die Aufdeckung von Problemen als Fehlleistung, damit die Leute nicht auf die Idee kommen, dich wissen zu lassen, wenn etwas nicht klappt.

6. Kontrolliere alles sorgfältig. Sorge dafür, dass alles, was gezählt werden kann, oft gezählt und genau kontrolliert wird.

7. Fälle Entscheidungen zur Reorganisation heimlich und überfalle die Mitarbeiter damit unerwartet. (Auch das hält die Leute unter Druck.)

8. Stelle sicher, dass Informationsnachfrage stets gut begründet wird und achte darauf, dass Information nicht umsonst zur Verfügung gestellt wird. (Informationen sollen nicht in die falschen Hände fallen!)

9. Übertrage im Rahmen der Delegation auf nach-
   geordnete Manager vor allem die Verantwortung,
   Einsparprogramme und andere bedrohliche Entscheidungen zu realisieren. Und bringe sie dazu, es
   schnell zu tun.
10. Und vor allem: Vergiss nie, dass du als Angehöriger
    der höheren Ebene schon alles Wichtige über das
    Geschäft weißt.«

Weil es so wichtig ist, möchte ich noch einmal auf
die Gefahr der einschläfernden Selbstgefälligkeit
hinweisen, die man besonders bei großen, erfolgreichen Firmen antreffen kann. Ich wurde oft gefragt, welches meine größten Probleme und Sorgen
seien. Gott sei Dank konnte ich immer antworten:
»Ich habe zwar viele Probleme, aber keine größeren
Sorgen« – mit Ausnahme der folgenden: Unser Unternehmen ist erfolgreich und wir haben viele Mitarbeiter, die gut motiviert und stolz sind, für dieses
Unternehmen zu arbeiten. In einer solchen Situation
besteht die Gefahr, dass alle Leute glauben, wir
machten alles richtig, sodass niemand mehr neue
Fragen stellt oder neue Gefahren, die am Horizont
auftauchen, sieht. Meine größte Sorge ist diese,
wie man auf Englisch sagt, Complacency – selbst-
zufriedene Gleichgültigkeit. Deshalb habe ich mich
ständig bemüht, die ganze Firma und alle Mitarbeiter alert zu halten, immer wieder neue Fragen zu
stellen, mit dem Ziel, die ganze Firma immer wieder
anzustacheln und sie am glücklichen und zufriede-
nen Einschlafen zu hindern.

Forschung

Die Forschung ist ein wesentlicher Faktor für die Innovationsfähigkeit eines Unternehmens. Ausreichende Investitionen in Forschung und Entwicklung sind eine der wichtigsten Maßnahmen, um langfristig erfolgreich zu sein. Aber ob Forschung tatsächlich einen hervorragenden Beitrag zu diesem Ziel leistet, hängt von vielen Bedingungen ab. Es ist nicht immer das große Budget, das den Erfolg garantiert. Hierzu einige Bemerkungen:

1. Forschung kann natürlich aus sich selbst heraus vieles erreichen. Darüber hinaus aber muss sie am Markt und an den Marktbedürfnissen ausgerichtet werden und auf diese Weise klare Ziele bekommen.

2. Forschung muss langfristig angelegt sein, weil viele Forschungsvorhaben sich über lange Perioden erstrecken.

3. Ein Teil der Forschung muss auch spekulativ sein, das heißt Gebiete bearbeiten, bei denen man nicht sicher ist, ob schließlich etwas dabei herauskommt.

4. Es muss immer wieder entschieden werden, was man in den eigenen Forschungseinrichtungen entwickelt und wo man eine Zusammenarbeit mit anderen Firmen oder mit der Wissenschaft anstrebt. Das ging früher zum Teil gegen die traditionelle Denkweise von Forschungsabteilungen, die der Meinung waren, dass dadurch zu viel Wissen an andere ginge und dass es am

besten wäre, wenn sie alles selber machen würden. Diese Denkweise ist in den letzten Jahren aber weitgehend verschwunden.

5. Innovationen können auch von Dritten erworben werden oder mit Lizenzen genutzt werden.

6. Der Zeitfaktor spielt wie immer eine große Rolle. Deshalb muss man sich ständig bemühen, zwar langfristig zu denken, die Forschungsarbeit aber so weit es geht zu beschleunigen. Da wir alle im Prinzip so geschult sind, dass wir mehr sequenziell arbeiten, also einen Schritt nach dem anderen tun, scheint es in den meisten Firmen schwierig zu sein, parallel zu arbeiten, gleichzeitig an verschiedenen Ecken anzufangen und dann später die Ergebnisse zusammen zu fügen. Eine solche Arbeitsweise bedeutet aber eine erhebliche Beschleunigung.

7. In der Forschung wird oft zwischen so genannter Basisforschung – mehr langfristig orientierter Forschung – und der so genannten angewandten Forschung unterschieden. Soweit ich bei Nestlé sehen kann, ist diese Unterscheidung aber neuerdings nicht mehr so exakt, da verschiedene Forschungsvorhaben einerseits die Basisforschung betreffen, andererseits aber gleichzeitig schon Aspekte der angewandten Forschung beinhalten.

8. Immer wieder sind Entscheidungen zu treffen, auf welchen Gebieten man forschen möchte. Oft haben solche Forschungsaktivitäten nicht mit einem konkreten neuen Produkt zu tun.

Zum Beispiel forschen wir bei *Nestlé* sehr viel über den Zusammenhang von Gesundheit und Ernährung. Auch ist es für die Konsumenten wichtig, den Convenience-Charakter der Ernährung (also die Bequemlichkeit und leichte Zubereitung) ständig zu erhöhen und vom Geschmackserlebnis und vom Genuss her das Maximum zu erreichen. Auch Haltbarkeit kann eine Rolle spielen. Sehr viel forschen wir auf dem Rohstoffsektor, da die Rohstoffe zu einem wesentlichen Teil die Qualität unserer Produkte bestimmen. Die Art der Verpackung ist ebenfalls ein wichtiges Forschungsgebiet. Forschung muss generell dazu dienen, Produktionsmethoden und neue Technologien zu entwickeln, welche das Endprodukt verbessern oder zur Kostensenkung beitragen. Bei *Nestlé* wurden durch technologische Entwicklungen Energiekosten eingespart und der Wasserverbrauch gesenkt, die Sicherheit der Beschäftigen erhöht und der Lärmpegel in den Werken erheblich gesenkt.

9. Wie bereits erwähnt: Zur Erhöhung der Innovationsfähigkeit ist es von besonderer Wichtigkeit, die Kommunikation, den Erfahrungsaustausch im Unternehmen zu intensivieren und zu fördern. Also zum Beispiel zwischen den Tochtergesellschaften und den zentralen Marketingeinheiten, der Marktforschung, den technischen Abteilungen und der Forschung. Weniger Abschottung und mehr Öffnung führen automatisch zu mehr Erfahrungsaustausch und Innovation.

10. Die Forschung ist natürlich eine zentrale Aufgabe der Unternehmen. Trotzdem ist es sinnvoll, Teile der Forschung in einzelne Länder zu dezentralisieren, um näher bei führenden Wissenschaftszentren zu sein oder Erfahrungen einzelner Länder auf bestimmten Gebieten schneller und besser nutzen zu können. Wir haben bei *Nestlé* deshalb die Basisforschung weitgehend zentralisiert, aber zwischen 15 und 20 Einheiten in verschiedenen Ländern geschaffen, die sich stärker mit angewandter Forschung befassen. Diese Dezentralisierung bietet über die genannten Punkte hinaus auch den Vorteil, dass so Konsumentenbedürfnisse bestimmter Regionen besser berücksichtigt werden können. Wir haben also dezentrale Forschungseinheiten, die aber zentral koordiniert sind.

11. In einigen Branchen spielt heute (leider) die so genannte Defensive Research eine große Rolle, die für Genehmigungsverfahren notwendig ist und nachweisen muss, dass mit einem bestimmten neuen Produkt keine Schädigungen eintreten. Das trifft natürlich ganz besonders für die Pharmaindustrie zu, aber auch zum Teil für die Lebensmittelindustrie. Diese Forschung ist sehr zeitraubend, sodass allein dadurch oft Produkte gegen das Interesse der Konsumenten viel zu spät auf den Markt kommen. In der Abwägung zwischen dem Vorteil einer Innovation und dem Bedürfnis nach Sicherheit gehen wir mit unserer Tendenz zur

absoluten Sicherheit meines Erachtens heute zu weit. Absolute Sicherheit auf allen Gebieten mag ja erstrebenswert sein, ist aber insgesamt ein Standortnachteil für Europa und ein Faktor, der unsere Kosten erhöht und den Fortschritt verzögert. Ich meine damit natürlich nicht, dass wirkliche Aspekte und Kriterien der Sicherheit vernachlässigt werden sollen.

12. Ein wichtiges Gebiet, auf dem oft zu wenig getan wird, ist die ständige Bewertung und Kontrolle der Forschung. Diese Aufgabe sollte auch manchmal von betriebsfremden Einheiten oder Beratern übernommen werden, weil wir dann zu einem neutraleren Urteil kommen und besser abwägen können, wie gut wir im Verhältnis zum Wettbewerber sind. Wir müssen also eine Art Benchmarking oder noch besser Benchbreaking anwenden!

13. Personalpolitische Fragen sind auch und insbesondere in der Forschung von großer Bedeutung. Bei der Rekrutierung und Auswahl der Mitarbeiter in der Forschung müssen wir höchste Qualitätsmaßstäbe anwenden. Gerade in der Forschung brauchen wir Menschen, die kreativ, zum Teil auch unkonventioneller sind, als wir es in den anderen Abteilungen eines Unternehmens gewohnt sind. Das erfordert von den Unternehmensleitungen auch eine gewisse Toleranz.

Ein besonderes personalpolitisches Problem in der Forschung ist die Alterung der Mitarbeiter. In keiner anderen Abteilung ist es so wichtig, immer wieder junge Menschen zu haben, die frisch von den Universitäten kommen und die in ihrer Mentalität noch nicht zu fest gefügt, sondern für Neues aufgeschlossen sind.

Deshalb ergibt sich oft die Frage, was wir mit den älter werdenden Mitarbeitern, die sich für Forschung nicht mehr im gleichen Maße wie früher eignen, anfangen können. Wir haben bei *Nestlé* einen interessanten Weg gefunden. Es gibt nämlich viele Forscher, die neben ihrer Forschungsbegabung auch andere Fähigkeiten besitzen und sich generell zur Führung eigenen. Solche Leute haben wir oft mit großem Erfolg für andere (meistens technische Aufgaben) entwickelt – und dadurch wieder Platz für Neurekrutierungen geschaffen.

Aus all diesen Ausführungen sollte eins klar geworden sein: Es genügt nicht, ständig nur zu verkünden, dass Innovation wichtig ist und dass wir innovativ sein müssen. Stattdessen müssen wir aktiv werden und eine ganze Reihe von Maßnahmen ergreifen, um die Innovationsfähigkeit im Unternehmen zu erhalten und ständig zu verbessern.

Kapitel II

Marketing, PR und Kommunikationspolitik

Marketing

Bei einer marktwirtschaftlich orientierten Wirtschaftspolitik muss Marketing ein wichtiger Bestandteil der Unternehmenspolitik sein. Für Unternehmen, die etwas an den Endverbraucher verkaufen, galt das eigentlich schon immer – jedenfalls lange bevor das Wort »Marketing« zum Begriff wurde und zumindest seit wir es mit Massenmärkten zu tun haben.

Auch in Unternehmen, die ihre Produkte als Zulieferer an andere Hersteller verkaufen und oft sehr technisch orientiert sind, wurde in den letzten Jahrzehnten die Bedeutung von Marketing und Verkauf mehr und mehr erkannt. Vor allem hat sich die Erkenntnis durchgesetzt, dass letztlich der Konsument entscheidet, was produziert werden muss und was Erfolg hat. Deshalb ist heute (endlich) überall Customer-Orientation die Devise, an der sich alle Marketingaktivitäten ausrichten müssen.

In den folgenden Ausführungen werde ich mich hauptsächlich mit dem operativen Marketing befassen, da die grundlegenden Strategien und Policies schon in den vorhergehenden Kapiteln behandelt wurden.

Produktentwicklung, Produktpolitik

Logischerweise beginnen alle Marketingüberlegungen und -aktivitäten mit der Produktpolitik. Für welche Produkte besteht ein unmittelbarer oder latenter Bedarf? Kann ein solches Produkt zu einem Preis hergestellt werden, der für den Konsumenten akzeptabel ist?

Lassen Sie mich für einen Moment in die Geschichte von *Nestlé* einsteigen, das von dem Deutschen Henri Nestlé vor fast 140 Jahren gegründet wurde. Nestlé, dem ganz sicher das Wort »Marketing« noch völlig fremd war, hat beobachtet, dass viele Säuglinge sterben oder gesundheitliche Probleme haben, wenn die Muttermilch fehlt oder nicht lange genug zur Verfügung steht. So entwickelte er unter aktiver Mitarbeit seiner Frau in der französischen Schweiz ein Produkt aus Milch, gemahlenem Getreide und Zucker, das als Ersatz für Muttermilch und als Anschlussnahrung hervorragend geeignet war und unter der Marke »Nestlés Kindermehl« (»Farine Lactée«) sofort großen Erfolg hatte.

Ein zweites Beispiel ist Julius Maggi aus der deutschen Schweiz, dessen Firma später zu *Nestlé* kam. Er stellte fest, dass mit der Entwicklung des industriellen Zeitalters die Arbeiter in den Fabriken schlecht ernährt waren. So entwickelte er Ende des 19. Jahrhunderts nahrhafte und dank *Maggi*-Würze »gut schmeckende« Suppen und Produkte. Sie konnten zu erschwinglichen Preisen (was in diesem Falle besonders wichtig war) hergestellt werden und hatten ebenfalls großen Erfolg.

Dies sind zwei Beispiele einer marktorientierten Produktentwicklung, die außerdem noch einen starken humanen und sozialen Aspekt hatten. Natürlich gab es zu Nestlés und Maggis Zeiten auch für vieles andere einen Bedarf, aber sehr oft konnten diese Bedürfnisse wegen eines Mangels an technologischen Möglichkeiten noch nicht erfüllt werden. Um in der Lebensmittelbranche zu bleiben: Die Konservierung von Lebensmitteln ist gerade 200 Jahre alt. 1810 entwickelte der Koch François Nicolas Appert die ersten Konservendosen, deren Inhalt nach dem Prinzip der Sterilisierung haltbar gemacht wurde (und erhielt dafür einen Preis von Napoleon Bonaparte). Auch in anderen Branchen hat erst die technologische Entwicklung, die Erfindung oder auch die »Entdeckung« zu neuen Produkten geführt. Beispiele für solche Durchbrüche sind die Erfindungen der Dampfmaschine und des Otto-Motors sowie die Entdeckung des Penizillins – um nur wenige zu nennen.

Forschung und die Ermittlung des Bedarfs, sehr oft auch die zündende Idee eines Unternehmers, standen also immer am Anfang von neuen Lösungen und Produkten, die Fortschritt und verbesserte Lebensumstände brachten. Ich habe diese geschichtlichen Beispiele bewusst angeführt, weil sie das Wesentliche der Produktentwicklung gut zeigen. Natürlich gibt es auch weniger grundlegende und weniger revolutionäre neue Produkte und Produktentwicklungen, die erfolgversprechend sind. Beispielsweise kann ein bestehendes Produkt (auch eines von der Konkurrenz) wesentlich verbessert werden, wodurch das Marktvolumen vergrößert wird oder ganz einfach Marktanteile gewonnen werden. Dann gibt es die Möglichkeit, mit neuen Herstellverfahren das Produkt kostengünstiger herzustellen und somit die Preise zu senken, und so weiter.

Wichtig ist letztlich, dass Bedarfsermittlung, Produktidee und Forschung so zusammenarbeiten, dass daraus ein erfolgversprechendes Produkt entsteht.

Produktgestaltung

Und nun muss also das neue Produkt verkauft werden! Der erste Schritt hierzu ist die Produktgestaltung, die Verpackung, das Etikett, das Design. Es würde den Rahmen dieses Buches sprengen, wenn ich alle damit zusammenhängenden Fragen behandeln würde. Aber ich möchte auf die außerordentliche Wichtigkeit dieses Marketinginstrumentes und immer wieder auf die Customer-Orientation hinweisen. Oft ist ein Misserfolg auf eine schlechte Produktgestaltung zurückzuführen. Manches Design würde auf einer Kunstausstellung vielleicht einen Preis bekommen, aber den Konsumenten gefällt es nicht. Etikettengestaltung, Gebrauchsanweisung und Ähnliches müssen gut lesbar und verständlich sowie ansprechend und nicht »überladen« sein. Eine moderne Unart ist etwa, die Schrift oder den Markennamen vertikal anzubringen. Das mag manchmal aus räumlichen Gründen notwendig sein, und es sieht außerdem sehr schick aus – aber auf jeden Fall ist es schlechter lesbar! Wer sich einmal Produktverpackungen unter diesen Gesichtspunkten ansieht, wird feststellen, wie schlecht sie oft gemacht sind.

Das gilt auch für Gebrauchsanweisungen. Sie sind oft ein Trauerspiel bezüglich ihrer Verständlichkeit, da sie in der Regel von Technikern mit geringer Kommunikationsbegabung gemacht werden. Schließen möchte ich meine Ausführungen zur Produktgestaltung mit einem besonders augenscheinlichen Beispiel für die Bedeutung des Designs: Man denke nur einmal daran, wie wichtig neben den technischen Daten, dem Preis und der Marke das Design beim Auto ist! Und noch eine Bemerkung: Zur Produktgestaltung gehört natürlich auch die Bezeichnung des Produktes und der Name, die »Marke«. Auf das Thema Markenpolitik komme ich in einem getrennten Abschnitt zurück.

Preispolitik

Ein weiteres wichtiges Marketinginstrument ist die Preispolitik. Sie stellt eines der schwierigsten Probleme im Marketing dar. Zunächst muss man natürlich alles versuchen, um die Herstellkosten so niedrig wie möglich zu halten – aber ohne Qualitätseinbußen! Für die Preisfestsetzung müssen die Herstellkosten ermittelt werden, die bei Erreichung des geplanten Umsatzvolumens möglich sind (diese sind oft wesentlich niedriger als die Herstellkosten für die erste Produktion). Dann kommt die schwierige Frage: Wie viel kann man bei unterschiedlichen Preisen verkaufen? Marktforschung und Tests helfen zur Beantwortung dieser Frage leider oft wenig. Hier wird immer ein Element der Unsicherheit bleiben, das man allenfalls durch Erfahrung, einen nicht genau definierbaren Geschäftssinn und durch gutes Einfühlungsvermögen in die Gedanken und Reaktionen von Konsumenten und Kunden verbessern kann. Natürlich muss sich der Preis auch in das Konkurrenzgefüge einpassen und den Wert der Marke berücksichtigen. Trotz allen heute verfeinerten Instrumentariums aus Marktforschung und Kalkulationen und so weiter ist es schwierig, den optimalen Preis (mit dem größten, langfristigen Return-on-Investment) eines Produkte exakt zu bestimmen, weshalb wir uns im Verlauf der Marktentwicklung oft zu Korrekturen und Veränderungen veranlasst sehen werden.

Bei einem ganz neuen Produkt wird man oft mit einem relativ hohen Preis in den Markt gehen, um zunächst das oberste Segment zu bedienen, das bereit ist, diesen Preis zu bezahlen. In einer zweiten Phase beginnt dann die »Marktpenetration« zu einem niedrigeren Preis mit den dann auch meist niedrigeren Herstellkosten.

Im Zusammenhang mit der Preispolitik auch ein Wort zur Konditionenstrategie, also zur

Frage nach der Gewährung, Art und Höhe von Rabatten, der Gestaltung der Lieferungs- und Zahlungsbedingungen und einer möglichen Kreditgewährung. Die Konditionenstrategie hat in der Lebensmittelbranche bei der Konzentration des Handels und der starken Entwicklung der Nachfragemacht gewaltig an Bedeutung zugenommen. Einerseits soll die Konditionenpolitik berücksichtigen, dass größere Mengen, größere Jahresumsätze, größere Aufträge pro Rechnungseinheit oder besondere Leistungen im Vertrieb beim Handel entsprechend honoriert werden. Andererseits darf man zu großen und ungebührlichen Forderungen nicht nachgeben, weil sonst die anderen Handelsunternehmen diskriminiert werden und im Übrigen Imageschäden entstehen können, wenn infolge des öfter vorkommenden Wechsels der Einkäufer oder auch durch Fusionen im Handel derartige Dinge bekannt werden.

Distribution

Weitere Überlegungen sind für neue und bestehende Produkte bezüglich der Verkaufspolitik und der Festlegung der Absatzkanäle anzustellen. Maßgebliche Fragen sind hier zum Beispiel: Soll man direkt verkaufen oder über Zwischenhändler? Benutzt man einen eigenen Vertreterstab oder Handelsvertreter und Agenten? Wie stark sollte man, sofern dies rechtlich überhaupt möglich ist, Exklusivrechte oder Gebietsschutz geben? Welche Verkäuferschulung und welche Besuchsfrequenzen

sind notwendig, um erfolgreich zu verkaufen?
Welcher Informationsfluss und welche Kontrolle
müssen organisiert werden? Welchen Verkäufertyp
brauchen wir, um das Produkt zu verkaufen? Wie
viel muss ich überhaupt in den Verkauf investieren,
um einerseits die Verkaufskosten im Rahmen zu
halten und andererseits den optimalen Verkaufs-
erfolg zu erzielen? Das sind für ein erfolgreiches
Marketing bedeutsame Fragen. Besonders von
mehr intellektuell und theoretisch ausgerichteten
Führungskräften wird der Verkauf als Marketinginstrument unterschätzt oder zu wenig beachtet,
wird der Wert von menschlichen Beziehungen und
Verbindungen im Verkaufsgeschäft zu wenig gesehen. Für mich ist deshalb trotz aller technologischer
Errungenschaften der alte chinesische Spruch auch
heute noch wahr: »If you cannot smile, you should
not open a shop.«

Werbung

Die Werbung als weiteres Marketinginstrument
ist ein wichtiger Bestandteil des Marketingmix. Je
mehr es sich um Produkte für den Massenmarkt
handelt und je mehr auch Emotionen und Prestige
im Spiel sind, desto mehr ist Werbung ein entscheidender Erfolgsfaktor. Werbung ist ein in-
tegrierter Bestandteil der Marktwirtschaft, was
manche nicht ganz verstehen. Man kann nicht für
die Marktwirtschaft und gegen die Werbung sein.
Die Werbung spielt deshalb eine so große Rolle,
weil die Anbieter von Waren und Dienstleistungen

darauf angewiesen sind, den Konsumenten zu erklären, was sie verkaufen und welchen Nutzen das Produkt für sie bringen kann. Die Qualität der Werbung ist für den Erfolg meistens viel entscheidender als die Höhe des Werbebudgets. Laut David Ogilvy, einem der großen Werbepäpste des letzten Jahrhunderts, beträgt der Unterschied zwischen schlechter und guter Werbung 17 zu 1. Aber selbst wenn er nur 3 zu 1 betragen sollte, kann man ermessen, wie wichtig es ist, alles zu tun, um die Wirksamkeit und Qualität der Werbung zu verbessern.

Heute sieht man häufig Werbung, die angeblich kreativ sein und Emotionen wecken soll. In Wirklichkeit handelt es sich dabei aber oft nur um irgendwelche fragwürdigen Gags, die überhaupt nicht dazu beitragen, mehr zu verkaufen. Häufig ist es doch so, dass man gar nicht weiß, worum es geht. Diese Werbung dient vielleicht noch der Profilierung bestimmter Werbeleute, wenn sie sich abends mit ihren Kollegen in den Bistros treffen. Das Schlimme ist, dass sich einzelne Unternehmer (auch Politiker!) diesen Unsinn gefallen lassen, weil sie nichts von der Sache verstehen oder auf jeden Fall »modern« sein wollen (das gilt, nebenbei bemerkt, sicher auch für manche Anschaffung von Kunstwerken oder für manche Kunstaufführungen).

Es gibt ja die böse Behauptung, dass ein Drittel der Werbung gemacht wird, um den Chefs, den Entscheidern zu gefallen, ein Drittel, um die Kollegen in der Werbebranche zu beeindrucken oder einfach aufzufallen, und nur ein Drittel, um positive Effekte bei dem Konsumenten zu erzielen und letztlich mehr zu verkaufen. Generell gilt meines Erachtens für gute Werbung: Sie soll das Produkt und die Marke vorstellen, verständliche Informationen über das Produkt vermitteln, Aufmerksamkeit erregen (das ist bei der heutigen Werbeflut und Werbedichte besonders wichtig), Emotionen mobilisieren und, wenn es geht, einen guten, einprägsamen Slogan enthalten, der über eine lange Zeit bei jeder Werbung wiederkehren muss. (Auch ständig wiederkehrende Musik kann ein Markenbild festigen und Sympathie verbreiten.) Wiederkehrende optische Elemente sind ein absolutes »Muss«. Wichtig ist, dass man sich bei jeder Werbung fragt: Warum soll ich jetzt dieses Produkt kaufen? (Reason why!) Im Übrigen möchte ich bezüglich der Qualitätsverbesserung der Werbung auf eine neue Entwicklung hinweisen, die aus der Hirnforschung kommt und die man als Neuromarketing bezeichnet. Mir scheint, dass wir auf diesem Gebiet neue Erkenntnisse darüber gewinnen, wie der Verbraucher wirklich »tickt« und welche Emotionen bei Kaufentscheidungen eine Rolle spielen.

Entscheidend für eine gute und erfolgreiche Werbung ist, dass alle Beteiligten, ob in den Agenturen oder in den Firmen, wirklich an das Produkt glauben, davon begeistert sind und sich mit voller Kraft dafür engagieren. Es gibt ja den Spruch: »Keinem Überzeugten fällt das Überzeugen schwer.« Das war schließlich das Geheimnis der Pfingstpredigt der Apostel. Und wir brauchen in der Werbung eben mehr Pfingstprediger und weniger Gagproduzenten.

Im Übrigen steht bei jeder guten Werbung am Anfang ein klares Briefing des Auftraggebers. Daran mangelt es oft. Ihm sollten Fragen zugrunde liegen wie diese: Soll die Kampagne langfristig das Image und die Marke aufbauen oder festigen – oder will ich eher kurzfristig eine Umsatzsteigerung erzielen? Soll die Werbung generell den Markt ausweiten (beispielsweise bei einem hohen eigenen Marktanteil) – oder will man Marktanteile gewinnen? Welches sind die wichtigsten Botschaften, die ich beim Konsumenten verankern will, welche Zielgruppen möchte ich besonders ansprechen? Niemand kann sich über eine Werbeagentur beklagen, wenn er es an der nötigen Information und einem guten Briefing hat fehlen lassen. Die Ursache für schlechte Werbung liegt oft in solchen Versäumnissen des Auftraggebers, und vielfach entsteht durch eine mangelhafte Zusammenarbeit viel Frust bei den Agenturen. Dazu gehört auch die bekannte Tatsache, dass mehrere Hierarchiestufen im Marketing die Vorschläge der Agenturen ablehnen können, aber nur die oberste Marketingstufe ja sagen kann. Auf jeden Fall ist es wichtig, dass die Topleute des Unternehmens einen persönlichen Kontakt mit den Agenturen haben. Das motiviert und erhöht die Verständigung. Außerdem sollte man die Agenturen nicht bei jeder Kleinigkeit wechseln, wie wir es ja von den Fußballtrainern kennen. Eine Agentur muss erst die

Chance haben, die Kritik zu kennen und Verbesserungsvorschläge zu machen.

Eine für die Werbung relevante und viel diskutierte Frage ist heute, wie stark die neuen Medien die alten verdrängen. Ich verweise auf Internet, Teleshopping, virtuelle Shops und die vielen Möglichkeiten des Direktmarketings über die neuen Medien. Ich meine, dass diese Entwicklungen aufmerksam studiert werden müssen, glaube aber auch, dass die klassischen Medien ihre Berechtigung behalten werden, und dies besonders, weil durch die heutige Vielfalt der Zeitschriften, der Radioanstalten und der Fernsehkanäle die gewünschten Zielgruppen besser und direkter angesprochen werden können als früher.

Bezüglich der Werbung in verschiedenen Medien ist darauf zu achten, dass das generelle Werbethema, die Grundbotschaft überall enthalten ist, aber gleichzeitig an die jeweilige Zielgruppe angepasst wird. Ein *Bunte*-Leser muss anders angesprochen werden als ein *Spiegel*-Leser.

Ein weiterer wichtiger Erfolgsfaktor bei der Werbung ist das Bestehen auf Kontinuität bei der Werbelinie und bei der Werbegestaltung (dasselbe gilt übrigens auch für die Markenpolitik). Gegen diese Kontinuität wird oft gesündigt, weil es leider zu häufige Wechsel bei den Marketing- und Werbeleuten gibt und jeder neue sich profilieren möchte, oder weil man die Geduld verliert, wenn sich bei einer langfristig angelegten Werbekampagne der Erfolg nicht gleich einstellt.

In diesem Zusammenhang ein Wort über Werbetests, die oft gemacht werden, um die Wirksamkeit einer bestimmten Werbung vorher festzustellen. Ich persönlich habe damit keine besonders guten Erfahrungen gemacht. Je mehr Marktforschung und Befragungen vom Quantitativen ins Qualitative übergehen, desto fragwürdiger scheinen die Ergebnisse zu sein.

Noch eine Anmerkung zum Einsatz von so genannten Testimonials in der Werbung. Vielfach hat man damit gute Erfolge erzielt und kurz- bis mittelfristig Umsatzsteigerungen verzeichnet. Für die langfristige Festigung des Images einer Marke müssen aber doch wohl andere Botschaften und Themen eingesetzt werden, unabhängig von aktuellen Personen. Ganz entscheidend ist jedoch, dass nicht nur Bekanntheit und Attraktivität einer Person stimmen müssen, sondern dass diese Person zu dem beworbenen Produkt passen, in Verbindung mit dem Produkt glaubwürdig sein muss. Mit Claudia Schiffer zum Beispiel kann man für Kosmetikwerbung wohl kaum einen Fehler machen. Generell gilt dieses Gesetz für die gesamte Werbung: Sie muss zu dem Produkt passen – vom Stil, vom Inhalt, vom Witz und von der generellen Anmutung her.

Heute ist es Mode geworden, ein so genanntes Social Marketing zu betreiben. Das heißt: Wenn ich ein bestimmtes Produkt kaufe, leiste ich gleichzeitig einen Beitrag zur Unterstützung für Kinder in Entwicklungsländern oder für Regenwälder, oder es wird ein bestimmter Prozentsatz des Kaufpreises für bestimmte soziale Zwecke ausgegeben und so weiter. Selbst wenn solche Maßnahmen anscheinend einen gewissen Erfolg haben, bin ich ihnen gegenüber doch sehr skeptisch eingestellt. Man sollte soziale Maßnahmen vom Marketing trennen und nicht versuchen, den Käufer mit ihrer Hilfe in eine bestimmte Richtung zu lenken oder ihn dazu zu veranlassen, ein bestimmtes Produkt zu kaufen. Aber mit dieser Meinung bin ich vielleicht heute nicht mehr, wie man so schön sagt, im »Mainstream«.

Eine weitere Frage in der Werbepolitik stellt sich für multinationale Konzerne, nämlich inwieweit die Werbung über die gesamte Welt einheitlich oder unterschiedlich sein soll. Meiner Erfahrung nach kann man weltweit sehr wohl gewisse Grundargumente und Werbelinien anwenden, muss aber für den Rest lokale Anpassungen vornehmen. Erstens sind die Mentalitäten und Traditionen verschieden, und zweitens befinden wir uns in einzelnen Ländern in verschiedenen Marktphasen (zum Beispiel Neueinführungen oder etablierter Konsum oder unterschiedliche Marktanteile, was unterschiedliche Werbestrategien erfordert). Generell gilt natürlich, dass bei mehr technisch orientierten Produkten, die auf der ganzen Welt gleich sind, mehr Werbebotschaften einheitlich sein können, während dem beispielsweise im Sektor Nahrungs- und Genussmittel deutlich Grenzen gesetzt sind, da diese Produkte hinsichtlich der Geschmacksgewohnheiten oder auch des Grades der Convenience in den einzelnen Ländern unterschiedlich sind. Auch wird es immer schwierig bleiben, einem

Deutschen Werbebotschaften mit angelsächsi-
schem Humor zu verkaufen.

Für multinationale Konzerne ist es wichtig,
dass man eine weltweite Zusammenarbeit mit aus-
gewählten Agenturen organisiert. Generell gilt:
nicht zu viele Agenturen für das Produkt nutzen
und einen Wechsel nur vornehmen, wenn es ganz
schwerwiegende Gründe gibt.

Ein heute immer häufiger benutztes Werbemit-
tel ist das so genannte Sponsoring. Hier werden
Aktivitäten, Events oder Personen unterstützt. Die
Hoffnung dabei ist, dass über die Nennung des
Unternehmens oder des Produktes in Verbindung
mit diesen Veranstaltungen oder Personen Sym-
pathien, Goodwill und Markenimage für das
Unternehmen oder das Produkt entstehen. Ganz
sicher handelt es sich hier um ein Mittel, das in
vielen Fällen seine Berechtigung hat. Das Problem
besteht jedoch darin, dass der Beweis für seine
Wirksamkeit noch schwerer zu erbringen ist als bei
normaler Werbung. Ferner besteht hier immer die
Gefahr, dass ein bestimmtes Sponsoring nicht zu
dem Produkt oder dem Unternehmen passt, sondern mehr den Interessen und Hobbys der Chefs
entspricht. Wenn man das Geld der Aktionäre aus-
gibt und Erfolg haben möchte, muss man dieses
Mittel sehr sorgsam und nüchtern analysieren und
immer wieder überprüfen, ob der entsprechende
Erfolg eintritt.

Zusammenfassend möchte ich zum Thema
Werbung sagen, dass Werbung für den Absatz-
erfolg und die langfristige Image- und Marken-

bildung enorm wichtig ist, dass sie viel Geld kostet und kein Betätigungsfeld für Laien und Amateure sein sollte (so wenig wie für profilneurotische Pseudointellektuelle) und dass viele Überlegungen angestellt werden müssen, um mit ihr erfolgreich zu sein.

Markenpolitik

Die Markenpolitik habe ich bewusst aus der vorausgegangenen Behandlung des Marketinginstrumentariums ausgeklammert, weil die Marke für mich im Marketing einen besonderen wichtigen Stellenwert hat. Zu diesem Thema möchte ich einige spezielle Anmerkungen machen. Trotz aller kritischen Bemerkungen von einschlägiger Seite über ihren angeblichen Bedeutungsschwund hat die Marke beim Verbraucher nach wie vor einen hohen Stellenwert. Mehr noch, sie hat beim Verbraucher eher an Bedeutung gewonnen! Die Gründe hierfür sind:

1. Angesichts der zunehmenden Anonymität unserer Lebensverhältnisse und der zunehmenden Unsicherheit sowie den vielen Veränderungen unseres Lebens, mit denen wir ständig konfrontiert werden, sucht der Mensch nach Elementen und Verankerungen, die ihm Kontinuität, Sicherheit und Orientierung bieten. Dazu können auch die Marken beitragen.

2. Trotz aller Schnäppchenmentalität und des in den letzten Jahren gestiegenen Preisbewusst-

seins gibt es eine Wertschätzung von Qualität, ein Verlangen nach Produktsicherheit und Beständigkeit sowie ein Streben nach Prestige, Befriedigung von Emotionen und so weiter.

3. Last not least: Die Marke begegnet dem Konsumenten an jedem Ort. Marken haben gegenüber Handelsmarken den Vorteil, dass sie überall angeboten werden (die so genannte Ubiquität). Das schafft in einem hohen Maße Bindung und Verfügbarkeit.

Natürlich ist Marke nicht gleich Marke. Name und Logo sind zwar wichtig, schaffen aber allein noch keine Marke. Wichtig ist, dass das Markenprodukt in einer bestimmten Produktkategorie das obere Qualitätssegment abdeckt, dass keine Qualitätsschwankungen erlaubt werden und dass die Marke mit der dahinterstehenden Qualität generell glaubwürdig bleibt. Ferner muss nicht nur die Qualität beständig sein (Qualitätsverbesserungen sind natürlich erlaubt!), sondern auch das Markenbild und die Werbestrategie für die Marke. Zur Werbestrategie gehört auch, dass das Produkt kontinuierlich beworben wird, weil sonst das Markenimage und die Nachfragepräferenz geschwächt werden und auf Konkurrenzprodukte übergehen.

Die Markenpolitik sollte ganzheitlich betrieben werden. Neben Namen und Logo muss die Gesamtgestaltung stimmen, vom Produkt über das Design (Etikett) bis zur Werbelinie und allen anderen Manifestationen, mit denen das Unternehmen an die Öffentlichkeit geht. Dazu gehören auch Art und Stil der Verkäufer, ja selbst die Gestaltung der Büroräume und natürlich vor allem auch der Empfang und die Telefonzentrale. Auch Geschäftsberichte und sonstige PR-Maßnahmen müssen dem Gesamtbild entsprechen, das wir beim Konsumenten und der Öffentlichkeit für eine bestimmte Marke erzielen wollen.

Meistens haben wir in einem Unternehmen ein Corporate-Brand-Image und daneben eine Vielzahl von Familien- und Einzelmarken. Es ist ganz wichtig, dass hier das gesamte Markenkonzept und Gerüst aufeinander abgestimmt wird. Am Anfang steht natürlich die Gestaltung der Corporate Brand. Lassen Sie mich das am Beispiel Nestlé illustrieren. Schon der Gründer Henri *Nestlé* hat in unserem Fall die Grundzüge des Corporate Image in genialer und idealer Weise festgelegt. Er hat seinen Namen Nestlé mit einem Vogelnest verbunden, in dem eine Vogelmutter drei kleine Vögel füttert. (Der Name Nestlé bedeutet bekanntlich im Schwäbischen »kleines Nest«). Damit hat er der Marke Nestlé einen großen emotionalen Wert gegeben, der außerdem genau zu unserer Branche passt (Ernährung). Dazu kann man nur sagen: Glück muss man haben und Nestlé heißen!

Dass Nestlé von Marken und Marketing viel verstanden hat, ohne diese Fragen jemals professionell studiert zu haben, hat er bei der Forderung eines Kunden aus Frankreich bewiesen, der ihm empfahl, statt des Vogelnests das Schweizer Kreuz auf sein Etikett zu setzen. Nestlé hat ihm geantwortet:

»Das Schweizer Kreuz kann jede in der Schweiz ansässige Firma verwenden. Meinen Namenszug und das Vogelnest aber nur ich.« Damit hat Nestlé begriffen, was Alleinstellung bedeutet. Als ich übrigens im Jahre 1980 in die Schweiz kam, hat man die Bedeutung dieses Vogelnests für unsere Marke nicht mehr richtig erkannt und war eben dabei, es mehr oder weniger zu vernachlässigen oder ganz abzuschaffen. Es war eine meiner ersten Taten, dieses einmalige emotionale Markenzeichen sofort wieder zu reaktivieren. Ich habe das Vogelnest allerdings insofern verändert, als ich darum bat, nur noch zwei statt drei kleine Vogelkinder in das Nest zu setzen. Als ich gefragt wurde, warum ich das tue, lautete meine Antwort: »Ich habe mich der Geburtenentwicklung angepasst.« Das war natürlich nicht der wahre Grund, sondern ich wollte das Zeichen grafisch und im Design vereinfachen, da besonders bei kleinen Packungen eine Vogelmutter und drei Vogelkinder nicht mehr deutlich dargestellt werden konnten.

Wir haben inzwischen durch neue Produktentwicklungen und Akquisitionen eine Vielzahl von Marken, die unter dem *Nestlé*-Dach an den Konsumenten verkauft werden, wie zum Beispiel *Nescafé, Nestea, Nesquik, Nestlé*-Schokolade, *Maggi, Thomy* und so weiter. Hier haben wir durch eine sehr klare und überlegte Politik den Grad der Zuordnung einzelner Marken zur Corporate Brand festgelegt. Beispielsweise sind Schokolade, Milch, Babynahrung und Ähnliches sehr stark mit der *Nestlé*-Marke verbunden, und die verwendeten

Marken sind insofern Untermarken. Diese Produkte passen am natürlichsten zu unserer Corporate Brand und müssen deswegen sehr stark von dieser Marke profitieren. Ein anderes Teil des Spektrums ist die Marke *Maggi*, die bekanntlich für sich selbst steht und ein sehr starkes eigenes Profil hat. In diesem Fall erscheint die *Nestlé*-Marke nur auf dem Back-Panel als eine Art Qualitätsgarantie sowie als Hinweis darauf, dass die fantastische Marke *Maggi* ebenfalls zum *Nestlé*-Konzern gehört.

Andere Produkte müssen ganz ohne die *Nestlé*-Corporate-Brand auskommen. Zum Beispiel haben wir uns entschieden, die gesamte Tiernahrung nicht mit dem Markennamen *Nestlé* zu verbinden. Auch einige Mineralwasser hängen so stark von ihrer Quelle und ihrem Ursprung ab, dass der Name *Nestlé* hier kein zusätzlicher Gewinn ist (zum Beispiel *Perrier*, *Vittel* oder *San Pellegrino*).

Weitere, viel diskutierte Fragen der Markenpolitik sind: Soll man für jedes neue Produkt eine eigene Marke schaffen, und in welchem Maß soll man bestehende Marken oder auch das Corporate Image nutzen? Viele Firmen, wie zum Beispiel *Unilever* und *Procter & Gamble*, kommen sehr stark von der Entwicklung der Einzelmarke her, gehen aber neuerdings dazu über, Familienmarken und das Corporate Image mehr zu nutzen. Sei es aus ökonomischen Gründen oder weil sie ebenfalls festgestellt haben, dass eine Einzelmarke vom Corporate Image profitieren und umgekehrt das Corporate Image positiv durch Einzelmarken beeinflusst werden kann. Bei *Nestlé* hatten wir immer eine etwas ausgewogenere Politik. Ich habe zu meiner Zeit darauf geachtet, dass das Corporate Image und Familienmarken noch stärker genutzt wurden als früher, mit den damit verbundenen, eben geschilderten Vorteilen.

Andererseits muss man aufpassen, dass man eine bestimmte Marke oder Familienmarke nicht zu sehr segmentiert und alle möglichen Produkte an diese Marke anhängt. Man spricht in diesem Falle vom Brand-Stretching. Dieses kann soweit gehen, dass dadurch der Grundmarkenwert verwässert wird. Eine gute Markenpolitik erfordert sehr viel Überlegung, Fine Tuning und Gefühl, um den richtigen Weg zu finden.

Noch ein Wort zu den Handelsmarken, die im Nahrungs- und Genussmittelsektor wie in einigen anderen Sektoren (soweit die Produkte über den Lebensmittelhandel vertrieben werden) eine große Rolle spielen. Generell muss man wissen, dass der Hersteller seine einzelnen Marken profilieren möchte, während der Handel seine gesamte Handelskette profilieren möchte und ihm dazu alle Dinge recht sind, die eine Alleinstellung seiner Kette fördern, also unter anderem auch Handelsmarken. Handelsmarken sind natürlich auch dazu da, um dem Konsumenten einen günstigeren Preis zu bieten. Die Handelsmarken haben also aus vielen Gründen ihren Platz im Sortiment des Handels. Die Aufgabe jedes Markenartikelherstellers besteht nun darin, dafür zu sorgen, dass das Gewicht der Handelsmarken und Eigenmarken nicht zu stark zunimmt. Das erfordert im Prinzip folgende Politik:

1. Die Qualitätsdifferenz sollte für den Konsumenten ersichtlich werden (man spricht hier von der Perceived Quality).
2. Mit Markenpolitik, Werbung und so weiter muss ich möglichst viel Nachfragepräferenz für meine Marke schaffen, um dadurch den Absatz von Handelsmarken weiter einzudämmen.
3. Erforderlich ist ein straffes Kostenmanagement, um dafür zu sorgen, dass der Preisabstand zwischen Marke und Handelsmarke nicht zu groß wird, damit weiterhin sehr viele Konsumenten es vorziehen, das Markenprodukt zu kaufen.
4. Schließlich muss ich in der Kooperation mit dem Handel maßgeschneiderte Aktionen entwickeln, die sowohl die Marke fördern als auch für den Handel interessant sind.

Neben der Aufmerksamkeit für den Handel und der Schaffung guter Beziehungen mit den Handelsorganisationen sollte man vor allem darauf achten, gegenüber den Mitkonkurrenten im Hinblick auf Qualität, Marke, Preis und so weiter konkurrenzfähig zu sein. Wenn dies der Fall ist, wird es auch der Konsument merken. Und der Handel verkauft letztlich bevorzugt das, was ihm bei den Konsumenten am meisten Absatz bringt.

Wenn ich mir abschließend zum Thema Markenpolitik etwas wünschen dürfte, dann wäre es dies: dass der Markentechnik, der Markengestaltung und der ganzen Bedeutung der Marke wieder mehr Aufmerksamkeit geschenkt würde und dass sie vielleicht auch wieder einmal klassische Bücher lesen würden – zum Beispiel von dem wohl größten Markentechniker aller Zeiten, Hans Domizlaff, der viele Bücher geschrieben hat, unter anderem *Die Gewinnung des öffentlichen Vertrauens*, oder auch *Confessions of an Advertising Man* von David Ogilvy, dem von mir bereits zitierten Werbepapst. In beiden Büchern stehen Wahrheiten, die viele inzwischen vergessen haben.

Abschließende Bemerkungen zum Marketing

Lassen Sie mich abschließend zum Thema Marketing noch einige Bemerkungen machen, die mir wichtig erscheinen:

1. Bei aller wissenschaftlichen und professionellen Ausrichtung unseres Marketings sollten wir die Basics nicht vergessen, auf die alles Marketing zurückzuführen ist. Ich wurde bei unseren Marketingseminaren in unserem Schulungszentrum in der Schweiz (an dem immer viele Marketingfachleute aus allen Märkten teilnehmen) oft gefragt: »Was ist eigentlich nun die Essenz des Marketings, was ist das Wichtigste im Marketing?« In der Regel habe ich in etwa wie folgt geantwortet:

   a) Der Marketing-Mind, die richtige Einstellung und das Talent zum Marketing, ist wichtiger als die Kenntnis schematischer Marketingtechniken.

   b) Bei allen noch so modernen und differenzierten Marketingmaßnahmen sollte man die Basics nicht vergessen, nämlich ein attraktives Produkt, eine gute Werbung und eine Verkaufsmannschaft, die das Produkt verkaufen kann.

c) Und dann gilt: Bitte das Verkaufen nicht vergessen!

2. In einer Wettbewerbswirtschaft hat ein Unternehmen mit seinem Marketing nur dann Erfolg, wenn es nicht nur kenntnisreiche, sondern auch engagierte Mitarbeiter hat, die sich für das Unternehmen voll einsetzen. Gewinnen im Wettbewerb erfordert auch einen gewissen Kampfgeist. Schon Bertolt Brecht hat hierzu gesagt: »Wer kämpft, kann verlieren. Wer nicht kämpft, hat schon verloren.« Auch folgenden Satz, den ich einmal las, finde ich in diesem Zusammenhang sehr treffend: »Die Verkaufsabteilung ist nicht die ganze Firma, aber die ganze Firma sollte eine Verkaufsabteilung sein.«

3. Den Konkurrenzkampf kann man nur gewinnen, wenn man seine eigenen Stärken und Schwächen und, was noch wichtiger ist, den Gegner sehr genau kennt. Besonders in den vielen oligopolistischen oder teiloligopolistischen Situationen, in denen wir uns befinden, muss man seine Konkurrenten sehr genau kennen. Zu diesem Kennen gehören nicht nur Geschäftsberichte, Marktanteile und Ähnliches, sondern die Mentalität, die Tradition, die Kultur eines Konkurrenten und vor allen Dingen die Persönlichkeiten, die das Unternehmen führen.

4. Ein guter Unternehmer und ein guter Marke-

tingexperte verstehen im Übrigen, dass man auch mit Lieferanten Werte und Vorteile schaffen kann. Oft werden Lieferanten vom hohen Ross herab behandelt, und damit verbaut man sich viele Möglichkeiten. Ich habe meinen Mitarbeitern immer gesagt: »Behandele deine Lieferanten so, wie du von deinen Kunden behandelt werden möchtest.« Man kann sich überhaupt nicht vorstellen, welche Mobilisierung man dadurch erreicht, welches Engagement der Lieferanten, welche Informationen und welchen Service man dadurch erhält. In der Einkaufsfunktion stecken große Reserven, die, richtig erkannt und genutzt, in viel stärkerem Maße zur Ertragsverbesserung eines Unternehmen beitragen können, als allgemein angenommen wird. Und dies nicht nur wegen eines günstigen Einkaufspreises!

Public Relations

Eine professionelle PR-Arbeit ist heute wichtiger denn je. Sie wird erfordert durch das wachsende Interesse der Öffentlichkeit sowie einzelner Interessengruppen – etwa Medien, Kunden, Investoren – an Unternehmen und ihren Geschäftsabläufen, aber auch durch die zunehmende Bereitschaft der Öffentlichkeit zu kritischen Einstellungen diesen gegenüber. Häufig gibt es hier bekanntlich Zweifel oder Unklarheit bezüglich des Nutzens der PR für den Business-Erfolg sowie die generelle Bekanntheit und Wertschätzung des Unternehmens. Den Wert von Reputation kann man nie genau beziffern, aber relativ gut einschätzen. Im übrigen wird PR oft als Verkaufshilfe missbraucht. PR muss aber die Politik eines Unternehmens erklären, transparent machen, für ein gutes »Business-Environment« sorgen und ein positives Gesamtimage erreichen. Professionelle PR-Arbeit besteht in der Hauptsache aus folgenden Punkten:

1. Intensive und klare Information mit einer Grundhaltung zur Transparenz – in Geschäftsberichten, Dokumenten, Pressearbeit, Interviews, Konferenzen mit Investoren und so weiter.

2. Alle Aktivitäten des Unternehmens müssen so sein, dass sie jederzeit vor der Öffentlichkeit vertreten werden können (auch wenn sie vielleicht nicht immer von einzelnen NGOs gewürdigt werden). Ich habe in diesem Zusammenhang für unser Unternehmen den kategorischen Imperativ von Kant wie folgt abgewandelt: Tue nichts, was nicht morgen auch in der Zeitung stehen kann. (Das heißt nicht, dass ich immer daran interessiert bin, dass es morgen in der Zeitung steht, aber dass ich es, wenn es drinstehen sollte, auch vertreten könnte.)

3. Das Topmanagement muss sich für PR und die Information nach außen interessieren und auch selbst dafür zur Verfügung stehen. Was der Chef eines Unternehmens sagt, hat ganz einfach mehr Wirkung und wird stärker beachtet.

Dabei besteht natürlich die Gefahr, dass sich der jeweilige Unternehmer mehr profiliert als das Unternehmen. Man kann dies nicht ganz vermeiden, aber der jeweilige Unternehmer (der ja irgendwann wechselt) muss alles tun, um die Profil- und Imagebildung auf das Unternehmen zu konzentrieren.

4. Unternehmen brauchen eine professionelle Bewältigung von Krisen, die immer einmal kommen können. Dazu werden intern ein Issue-Management und ein Pre-Warning-System benötigt, um rechtzeitig Entwicklungen zu erkennen, die kritisch für das Unternehmen werden könnten. Wenn dann massive Kritik kommt oder eine Krise eintritt, ist es die erste Pflicht, diese Dinge nüchtern und objektiv zu analysieren, besonders um festzustellen, ob das Unternehmen auch selber Fehler gemacht hat. Eine Wagenburgmentalität, mit der man sich in der eigenen Festung einschließt und diese verteidigt, nützt in der Regel nichts.

5. Unternehmen müssen mit ihren Kritikern und Gegnern gelassener, professioneller, aber auch mutiger und fester umgehen. Ich erinnere daran, dass wir inzwischen etwa 30 000 internationale NGOs auf der Welt haben, von denen einige den Unternehmen gegenüber nicht immer freundlich eingestellt sind und ihre eigenen Interessen vertreten. Bei berechtigter Kritik sollten Unternehmen diese anhören und dann daran arbeiten, sich zu verbessern. Wenn Unternehmen jedoch der Ansicht sind, dass sie bei ihrer Politik blei-

ben sollten, dann sollten sie diese mit Mut und Konsequenz verfolgen und sich nicht irritieren lassen.

6. Solange bestimmte Probleme ganze Branchen oder auch die Wirtschaft als solche betreffen, müssen Unternehmen über Verbände oder entsprechende Gremien mitarbeiten und so dazu beitragen, dass die Probleme mit vereinten Kräften behandelt und angegangen werden. Es ist daher generell richtig und eine Pflicht für die Unternehmen, sich in den Verbänden zu engagieren, es liegt in ihrem ureigensten Interesse.

Kommunikationspolitik

Diese Ausführungen habe ich bewusst an den Schluss meines Buches gesetzt. Aufgrund der heutigen Kommunikationstechnologien, der Medienwelt und des zunehmenden öffentlichen Interesses am wirtschaftlichen und unternehmerischen Geschehen hat die Kommunikation für die Unternehmen generell an Bedeutung gewonnen. Ein Unternehmen, das diesem Umstand nicht Rechnung trägt und einen Chef hat, der keinerlei Kommunikationsbegabung oder Kommunikationsbereitschaft hat, wird es immer schwerer haben. Kommunikationsbegabung ist ein knapper werdendes Gut. Wir befinden uns heute in einer paradoxen Situation: Einerseits haben wir eine enorme Zunahme der allgemeinen Kommunikationstätigkeit, andererseits jedoch eine Abnahme der individuellen Kommunikationsfähigkeit. Ein Grund dafür ist sicher die zunehmende Nutzung von SMS, Internet-Chats und Ähnlichem. Sie bringt eine Verknappung des Sprachrepertoires und somit auch eine Verringerung der sprachlichen Ausdrucksfähigkeit mit sich. Wir haben zwar eine Zunahme der Kenntnisse von Fremdsprachen, aber die schriftliche und mündliche Beherrschung der eigenen Sprache ist vielfach zurückgegangen. Deshalb empfehle ich immer wieder, alles zu tun, um die eigene Sprache wieder besser zu beherrschen. Dies sollte auch ein wesentlicher Bestandteil der heute oft geforderten besseren Bildung und Ausbildung sein.

Ohne eine gute Sprache gibt es keine gute Kommunikation. Allerdings muss man wissen, dass selbst die beste Unternehmenskommunikation keine positiven Ergebnisse erzielen kann, wenn es keine gute, verantwortliche und erfolgreiche Unternehmenspolitik gibt. Es geht also nicht wie bei dem Hahn, der morgens um fünf Uhr kräht und glaubt, er bewirke den Sonnenaufgang!

Eine wirksame Kommunikation muss schließlich auch auf den Adressaten abgestimmt sein. Wir haben bekanntlich völlig unterschiedliche Zielgruppen, die wir informieren: Konsumenten, Kunden, Mitarbeiter, Führungskräfte, Investoren, Aktionäre und so weiter. Aber natürlich muss man auch wissen, dass beispielsweise die Kommunikation an die Investoren oder Finanzanalysten auch von den übrigen Gesellschaftsgruppen gelesen wird. Deshalb darf eine Kommunikation an die Finanzwelt nicht ausschließlich auf deren Interessen abgestimmt sein, weil es sonst zu negativen Reaktionen von anderen Gruppen kommen kann.

Wenn man übrigens die Mitarbeiter oder die verschiedenen gesellschaftlichen Gruppen und Interessenten nach ihren Wünschen fragt, ist immer auch der Wunsch nach mehr Information dabei. Wenn man der Sache jedoch auf den Grund geht, geht es in der Regel nicht um mehr Information, sondern um eine bessere Information im Sinne von Glaubwürdigkeit und Vertrauensbildung. Wir beobachten im Moment eine Zunahme von Misstrauen und einen Vertrauensschwund über alle Institutionen und Verantwortungsstrukturen hinweg, besonders auch gegenüber Politikern und Unternehmern. Diese Tendenz ist gefährlich und darf nicht unterschätzt werden. Sie gefährdet die Akzeptanz unseres freiheitlichen marktwirtschaftlichen Systems und damit auch die Akzeptanz von allem, was wir als Unternehmer tun oder auf den Markt bringen. Wir haben im Gegensatz zu früher keinen Vertrauensvorschuss mehr. Gewisse Skandale in der Wirtschaft tragen das Ihrige zu dieser Entwicklung bei. Deshalb müssen wir alles tun, um Vertrauen aufzubauen und zurückzugewinnen. Glaubwürdigkeit ist daher, um dies noch einmal zu betonen, heutzutage eine der wichtigsten Führungseigenschaften. Das heißt, dass sich die Leute am Montag an das halten können müssen, was am Sonntag oder bei Festveranstaltungen gepredigt wurde. Glaubwürdigkeit entsteht auch durch eine saubere, wahrhaftige, ehrliche Information – auch über unangenehme Wahrheiten. Heuchlerische oder pathetische Sprache, Halbwahrheiten, Weglassungen oder generell ein Gegensatz zwischen Reden und Dokumenten, in denen der Mensch angeblich im Mittelpunkt steht, und dem wirklichen, alltäglichen Verhalten, können kein Vertrauen aufbauen.

Eine langfristig erfolgreiche, ethisch und sozial verantwortliche Unternehmenspolitik, verbunden mit einer ehrlichen Kommunikation in einer Sprache, die die Menschen verstehen, kann viel Positives bewirken. Dies ist der wichtigste Beitrag, den die Unternehmer zur Verbesserung unserer politischen und wirtschaftlichen Situation leisten können.

Kapitel 12

Ausblick

Ein bekanntes chinesisches Sprichwort sagt: »Vorhersagen sind sehr schwierig, besonders, wenn es sich um die Zukunft handelt.« Und ein bekannter Zukunftsforscher hat mir einmal gestanden, dass nur wenige seiner Vorhersagen so eingetroffen sind, und dies dann aus völlig anderen Gründen als prognostiziert. Rein quantitative Extrapolationen sind eigentlich immer falsch, obwohl der Glaube an sie nicht ausstirbt. Die Sehnsucht der Menschheit, die Zukunft vorherzusagen und sie in den Griff zu bekommen, ist groß und auch verständlich – und verleitet dazu, zu viel Vertrauen auf die Vorhersagekraft auch von detaillierten Planungen und Prognosen zu setzen. Aus all diesen Gründen habe ich eine tiefe Skepsis gegenüber ins Einzelne gehenden stark quantitativ angereicherten Langfristplänen in den Unternehmen. Oft sind diese Pläne schon nach drei Monaten zum Teil obsolet.

Das darf uns aber nicht daran hindern, uns Gedanken zu machen, wie die Zukunft aussehen kann, und, so weit es geht, uns darauf einzustellen. Hierfür sind Alternativpläne für unterschiedliche Entwicklungen und so genannte Worst-Case-Szenarien hilfreich. Professionelles Zukunftsmanagement ist also gerade deshalb wichtig, weil uns die Zukunft immer wieder Überraschungen bringt. (Die beste Absicherung für die Zukunft sind übrigens ein qualitativ hochwertiges Führungspersonal und gut ausgebildete, motivierte Mitarbeiter!)

Was wird uns also die Zukunft bringen? Ich wage hierzu einige Überlegungen, und es wird interessant sein, in zehn oder fünfzehn Jahren nachzulesen, was sich bewahrheitet hat und was nicht eingetroffen ist.

1. Das weltweite Bevölkerungswachstum wird sich weiter verlangsamen. Zurzeit werden diese Zahlen ja ständig weiter zurückgenommen. Kein Mensch hat die Zunahme der Verstädterung, die Aufklärung der Bevölkerung mit moderner Kommunikationstechnik, den Abbau von Traditionen und die wachsenden sozialen Sicherungssysteme richtig eingeschätzt. All dies sind Faktoren, die zu einem geringeren Bevölkerungswachstum führen. Andererseits glaube ich, dass sich die schlechten Prognosen für Europa und Deutschland eher nicht bewahrheiten werden. Ich gehe davon aus, dass die Geburtenentwicklung wieder etwas positiver verlaufen wird oder dass wir mit dem Thema Einwanderung nüchterner und damit interessenbezogener umgehen werden.

2. Natürlich werden wir durch das Älterwerden starke demografische Veränderungen erleben. Generell wird der Anteil der Älteren an der

Bevölkerung auch in den jetzigen Schwellen-
ländern, besonders in Asien, zunehmen.

3. Das weltweite Sozialprodukt wird mit unterschiedlichen, aber doch signifikanten Wachs-
tumsraten ständig ansteigen. Das bedeutet
besonders in den bisherigen Schwellen- und
Entwicklungsländern eine ständige Zunahme des Wohlstandes, des Bildungsgrades,
sicherlich auch hin zu mehr Demokratie und
Menschenrechten. Das führt auch zu einer
weiteren Emanzipierung des Verbrauchers.
Der Konsum wird sich einerseits noch weiter
globalisieren und andererseits auch regionale
Tendenzen verstärken im Sinn einer weiterern
Individualisierung und einer »Rückkehr zu
den Wurzeln«.

4. Die wissenschaftliche und technologische Entwicklung wird mindestens im gleichen Tempo
wie bisher weitergehen. Wir werden weiterhin
alle paar Jahre eine Verdopplung des Wissens
erleben. Als Schwerpunkte der Entwicklung
erwähne ich die Hirnforschung, die Nano-
technologie, die Gentechnologie und ganz
allgemein die Entwicklung auf dem Sektor
Medizin. Auch wird die Atomtechnologie, die
noch für einige Jahrzehnte als Übergangsener-
giequelle benötigt werden wird, irgendwann
durch neue Arten der Energieerzeugung abge-
löst werden. Sei es, dass bisherige alternative
Energien dann rentabler sein werden oder aber
neue Entwicklungen, die vielleicht im Ansatz
schon bekannt sind, die entscheidende Rolle

spielen werden – besonders, wenn die fossilen Energiequellen erschöpft sein werden.

5. Die Zunahme des fundamentalen und radikalen Islamismus, die zurzeit von vielen als eine echte Bedrohung angesehen wird, sehe ich für die nächsten Jahre auch. Ich glaube aber, dass längerfristig unter anderem durch die Entwicklung von Wohlstand und die modernen Kommunikationsmittel dem radikalen Islamismus die Schärfe und Brutalität genommen werden wird. Eine Schärfe übrigens, die wir in den christlichen Religionen vor mehreren hundert Jahren genauso wahrgenommen haben.

6. Die Ausdehnung des Freihandels, die zunehmende Globalisierung, die sich verstärkende weltweite Zusammenarbeit und die technologischen Entwicklungen werden zu einer Zunahme des Weltsozialproduktes führen. Natürlich wird dieses Sozialprodukt sich in seiner Struktur gewaltig in Richtung Entwicklungsländer verschieben, der Anteil von Europa wird also abnehmen. Damit einhergehen wird, dass die Zahl der Menschen, die weltweit noch unter der Armutsgrenze leben – derzeit sind das laut Weltbank 1,1 Milliarden Menschen – weiter abnehmen wird. Zu diesen Entwicklungen werden neue Energiequellen, weitere technologische Fortschritte, die Gentechnik, neue Nahrungsmittel und Fortschritte in der Landwirtschaft positiv beitragen.

7. Interessant wird sein, wie sich Wirtschaft und unternehmenspolitische Grundsätze und

Philosophien auf der ganzen Welt verändern werden. Nach dem weltweiten Zusammenbruch des Kommunismus und der Öffnung des Eisernen Vorhangs hat sich der Mittelpunkt von Europa 500 Kilometer nach Osten verlagert. Dadurch kann unter Einbeziehung von Osteuropa, der slawischen Welt und des Balkans ein neuer Mix von Ideen entstehen. Zurzeit ist davon allerdings noch wenig zu spüren. Wir erleben im Gegenteil eine Fortsetzung des Siegeszuges der angelsächsischen Ideen bezüglich der Art der Marktwirtschaft wie auch der stärkeren Ausrichtung der Unternehmenspolitik am kurzfristigen Shareholder-Value. Ein Teil dieser Entwicklung ist positiv zu bewerten, weil er hoffentlich zu einem weiteren Abbau von Bürokratie und übertriebener sozialer Betreuung bis ins kleinste Detail führen wird. Anderseits gibt es Gegenbewegungen, die gesellschafts- und wirtschaftspolitisch eine gewisse soziale Grundausstattung und Sicherung befürworten und die Unternehmer stärker veranlassen, soziale, ethische und ökologische Verantwortung zu übernehmen. Neuerdings sind solche Tendenzen, wie zum Beispiel die Entdeckung und Verstärkung der ökologischen Frage, auch in den Vereinigten Staaten festzustellen.

Wenn die Welt sich unabhängig von der amerikanischen Dominanz stärker in eine multipolare Struktur bewegt, wird sicher auch eine neue Ideenmixtur entstehen, welche die

Wirtschaftspolitik, die Gesellschaftspolitik wie auch die Unternehmenspolitik beeinflussen wird. Die weltweiten Verschiebungen in der Bevölkerungsstruktur und in den wirtschaftlichen Kräfteverhältnissen, besonders zugunsten von Asien mit seinen mehr gemeinschafts- und familienbezogenen Traditionen, werden sicher ihre Spuren hinterlassen.

8. Was die politische Entwicklung betrifft, so werden wir wohl weiterhin das Ausbrechen vieler kleiner Kriege und Konflikte erleben. Der weltweite Terror ist noch längst nicht überwunden, sollte aber im Laufe der Jahre etwas an Bedeutung verlieren. Die USA werden noch über viele Jahre, wahrscheinlich Jahrzehnte, in wirtschaftlicher und militärischer Hinsicht dominant bleiben, aber wie erwähnt stärker in eine weltweite Zusammenarbeit und eine geopolitisch multipolare Struktur eingebettet sein. Diese Weltmacht wird durch die vielen Erfahrungen, die sie macht, auch »erwachsener« werden, mehr Kenntnis von der Welt haben und weniger zum Teil naive Fehler machen.

9. Länder wie Russland, China, Indien, Brasilien, Mexiko und so weiter werden eine zunehmende Bedeutung erlangen. Viel zu wenig beachtet wurden die in letzter Zeit getroffenen Vereinbarungen zwischen Indien und den USA einerseits sowie Russland und China andererseits. Hier bahnen sich neue Kooperationen an, die erhebliche Auswirkungen haben werden.

10. Europa bleibt für mich ein großes Fragezeichen, obwohl ich schließlich doch auch in dieser Hinsicht Optimist bin. Zurzeit erleben wir eine gewisse Stagnation in Europa. Eine europäische Verfassung, angenommen von sämtlichen Mitgliedsstaaten, ist im Moment in weite Ferne gerückt. Wir sollten es dennoch schaffen, eine gemeinsame Außen-, Sicherheits-, Verteidigungs- und Immigrationspolitik zu gewährleisten sowie andere wichtige politische Grundsätze auf der Grundlage von Mehrheitsentscheidungen gemeinsam umzusetzen.

Andererseits sollte es uns gelingen, durch mehr Subsidiarität Bürokratie und Zentralismus abzubauen und wieder mehr in die einzelnen Länder und Regionen zu verlagern. Um diesen Prozess zu forcieren, müssen wir wahrscheinlich etwas machen, was zurzeit tabu ist, nämlich Europa mit unterschiedlichen Geschwindigkeiten entwickeln. Das heißt: Einige Länder, darunter Frankreich und Deutschland, müssen weiter vorangehen und alle einladen, die in diesem fortgeschrittenen Prozess schon mitmachen wollen. Um die Wettbewerbsfähigkeit Europas zu erhalten, brauchen wir mehr Flexibilität, den Abbau bürokratischer Strukturen und den Umbau oder die teilweise Reduzierung des Sozialstaates auf das Notwendige, unter Beibehaltung der Grundidee der sozialen Marktwirtschaft.

Entscheidend wird sein, ob wir uns auf einigen Gebieten mental ändern können – ich meine damit zum Beispiel unsere Anspruchs-mentalität, unseren übertriebenen Hedonis-mus und die noch nicht ausreichend entwickel-te breite Wahrnehmung von Pflichten und Gemeinschaftsaufgaben.

Wenn wir das alles nicht schaffen, wird Europa weiterhin an wirtschaftlicher und po-litischer Bedeutung verlieren – ein Prozess, der durch die weltweiten Strukturverschiebungen verschärft wird. Ein Inder, der kürzlich ge-fragt wurde, wie er Europa in der Zukunft sehe, antwortete: »Europa wird zukünftig für die Welt die Bedeutung und Funktion haben, die heute die Schweiz für Europa hat«. Und ich füge hinzu: angereichert durch eine besondere Mischung aus High-Tech und Kulturdenkmä-lern – durch Wissenschafts- und Universitäts-zentren sowie einige High-Tech-Sektoren, durch unsere Kultur von Rom bis Schloss Neu-schwanstein, von Michelangelo bis Dürer und Picasso, von Scarlatti über Mozart bis Ravel. Auf jeden Fall wird dieses Europa, wie immer es auch aussehen mag, Millionen von Touris-ten, vor allem aus Asien, anziehen, und dies wird sich zu einem großen positiven Wirt-schaftsfaktor entwickeln.

11. Zur Klimaveränderung, zu den vielen öko-logischen Problemen, zur Verknappung der Ressourcen – welche meines Erachtens vor allem die Energie, das Wasser und Getreide betreffen wird – möchte ich mich mangels

konkreter Kenntnisse nicht näher äußern. Ich
habe aber Zuversicht, dass das allgemeine Be-
wusstsein in ökologischen Fragen weiter steigt
und die Menschheit mit den zukünftigen technologischen Möglichkeiten diese Probleme in
den Griff bekommen wird.

Was bedeuten diese Entwicklungen nun für die
Unternehmer und die Unternehmensführung?

1. Zweifellos wird der Wettbewerb durch die Entwicklung von Freihandel, Globalisierung und
modernen Kommunikationsmitteln noch härter,
Entwicklungen werden noch schneller ablaufen.
Das Wissen wird sich jeweils innerhalb weniger
Jahre verdoppeln. Dadurch wird die Fähigkeit
von Unternehmen, sich schnell an neue Gege-
benheiten anzupassen, noch wichtiger.

2. Die erwähnte weltweite Entwicklung der
Kaufkraft wird regional sehr unterschiedlich
verlaufen und auch qualitative Veränderungen
des Konsums mit sich bringen. Hier müssen
vorausschauend und rechtzeitig Strategien
entwickelt werden, um diesen Veränderungen
Rechnung zu tragen. Hierbei ist auch zu berücksichtigen, dass wir mehr und mehr Wettbewerber und multinationale Firmen aus den
bisherigen Schwellen- und Entwicklungsländern haben werden.

3. Wir werden eine Zunahme der multinationalen
Firmen und Aktivitäten erleben. Insgesamt bedeutet dies für den, der dies alles begreift und
entsprechende Leistungen bringt, ungeheure

Chancen – und alle anderen werden noch härter bestraft werden. Im Übrigen sehe ich die Entwicklung europäischer Firmen, unabhängig davon, wie sich Europa als solches entwickelt, äußerst positiv. Viele Firmen haben in der Vergangenheit ihre Hausaufgaben gemacht, haben ihre internationale Tätigkeit ausgedehnt und sind insgesamt gut aufgestellt. Es versteht sich bei der zunehmenden Globalisierung von selbst, dass die Unternehmen internationaler werden müssen, ohne, so meine ich, ihre Wurzeln zu vergessen.

4. Mehr kritische und emanzipierte Verbraucher und Mitarbeiter sowie allgemeine gesellschaftliche Entwicklungen mit mehr heterogenen Strukturen erfordern in stärkerem Maße ein wertorientiertes Management. Die Unternehmensleiter werden sich vom ökonomischen Wertschöpfer des 20. Jahrhunderts mehr zur wert- und werteschöpfenden Integrationsfigur entwickeln. Damit gewinnen persönliche und charakterliche Führungseigenschaften noch mehr an Bedeutung (siehe dazu das Unterkapitel »Notwendige Führungseigenschaften im Management«).

5. Von existenzieller Bedeutung ist auch, dass die Unternehmen an der Spitze der technologischen Entwicklung bleiben und innovationsfähig sind.

6. Die Wandlung der modernen Arbeitswelt (fortschreitende Computerisierung und Robotisierung bei Produktion und Logistik, weitere Revolutionierung bei der Bürotätigkeit, verbunden

mit einer zunehmenden Delokalisierung der einzelnen Tätigkeiten) erfordert ein Management, das die Entwicklungen vorausschauend antizipiert und die Veränderungen konsequent umsetzt. Dazu gehört auch ein ständiger und hoher Schulungsbedarf, um die Mitarbeiter mit diesen Veränderungen vertraut zu machen.

7. Die öffentliche Rolle der Unternehmer nimmt – ob wir es wollen oder nicht – zu. Sowohl beim Themen-Setting bei Konsumveränderungen als auch bei der öffentlichen Meinung generell werden wir mehr Einfluss nehmen müssen.

Zusammenfassung

Es besteht für mich kein Zweifel, dass die zukünftige Welt uns ungeheuere Chancen für unternehmerische Tätigkeit erschließt. Aber sie werden in stärkerem Maße als früher nur von denen ergriffen und erfolgreich genutzt werden, welche die noch höheren und veränderten Anforderungen an die Unternehmensführung meistern. Trotz aller Vorhersagen, die ohnehin nie so eintreffen, ist aus meiner Sicht die beste Garantie für eine erfolgreiche Zukunft ein hervorragendes Management, das in der Lage ist, die Herausforderungen, die auf das Unternehmen zukommen, zu meistern.

Die Management- und Führungsprinzipien von Nestlé

I. Allgemeine Prinzipien

- *Nestlé* richtet sich mehr auf Menschen und Produkte aus als auf Systeme. Systeme sind notwendig und nützlich, dürfen aber niemals zum Selbstzweck werden.
- *Nestlé* will im Interesse seiner Aktionäre Werte vermehren. Das Unternehmen zielt jedoch nicht auf eine kurzfristige Maximierung von Gewinn und Aktienwert auf Kosten einer erfolgreichen langfristigen Unternehmensentwicklung ab. *Nestlé* ist sich jedoch der Notwendig bewusst, jedes Jahr einen ordentlichen Gewinn zu erzielen.
- *Nestlé* strebt ein möglichst großes Maß an Dezentralisierung an, ist sich aber bewusst, dass die Festlegung der grundlegenden Unternehmenspolitik und der Strategie sowie die Notwendigkeit einer konzernweiten Koordination und Managemententwicklung dieser Dezentralisierung Grenzen setzen.
- *Nestlé* verfolgt das Ziel, eine kontinuierliche Verbesserung seiner Geschäftstätigkeit zu errei-

chen, um nach Möglichkeit einschneidende So-
fortmaßnahmen und abrupten Wandel zu vermeiden.

2. Organisatorische Prinzipien

Nestlé befürwortet:

- flache Strukturen mit wenigen Hierachieebenen
  und breiten Kontrollspannen, unter Einschluss
  von Projektteams und Arbeitsgruppen. »Networ-
  king« und horizontale Kommunikation werden
  gefördert, ohne aber die Entscheidungsstrukturen
  zu verwischen. Diese Prinzipien zielen darauf
  ab, Organisationsstruktur und Arbeitsmethoden
  flexibler und effizienter zu gestalten, ohne die
  grundlegende Hierarchie zu untergraben (nach
  dem Prinzip: so viel Hierarchie wie nötig, so wenig wie möglich);
- klare Verantwortungsebenen in der Manage-
  mentstruktur. Wir vermeiden zu zahlreiche hie-
  rarchische Ebenen und beschränken die Stabsarbeit auf jene Aufgaben, die zur Unterstützung
  der Linienverantwortlichen notwendig sind;
- eine klare Festlegung der Linien- und Funk-
  tionszuständigkeiten sowie ihrer gegenseitigen
  Abhängigkeiten. Um operationelle Geschwindigkeit und Verantwortung zu gewährleisten,
  räumt *Nestlé* der Linienverantwortung ein leich-
  tes Übergewicht gegenüber den ebenso wichtigen Funktionsstrukturen ein. Wenn nun ein Li-

nienentscheid gegen den Antrag einer Funktion ausfällt, diese aber gewichtige Einwände hat, so besprechen die beiden Parteien das Problem oder unterbreiten es der nächst höheren Ebene, wenn keine Lösung gefunden wird;

- auf jeder Stufe der Organisation ein Team mit Spitze und nicht ein Team als Spitze (Teamarbeit mit verantwortlicher Leitung).

3. Das Wertschöpfungs-Führungskonzept von Nestlé

Die Angehörigen des *Nestlé*-Managements geben auf allen Ebenen der stetigen betrieblichen Wertschöpfung gegenüber der Ausübung formaler Autorität den Vorzug. Sie delegieren alles, was delegiert werden kann, ohne dabei jedoch ihre eigene Verantwortung aufzugeben.

4. Eigenschaften und Merkmale eines Nestlé-Managers

Je höher Position und Verantwortung eines *Nestlé*-Managers, desto wichtiger werden neben Berufsausbildung, Fähigkeiten und praktischer Erfahrung die folgenden Auswahlkriterien für Führungspersönlichkeiten:

- Mut, Nerven, Gelassenheit und die Fähigkeit, mit Stress umzugehen;

- Lernfähigkeit, Sensibilität für Neues und Einfühlungsvermögen;
- Kommunikationsfähigkeit und Fähigkeit zur Motivation und Förderung von Mitarbeitern;
- Fähigkeit zur Schaffung eines innovativen Klimas;
- Denken in Zusammenhängen;
- Glaubwürdigkeit: mit anderen Worten, »tun, was man predigt«;
- Bereitschaft, Änderungen zu akzeptieren und Fähigkeit, den Wandel zu steuern;
- internationale Erfahrung und Verständnis für andere Kulturen.

Darüber hinaus: breit angelegte Interessen, eine gute Allgemeinbildung, verantwortungsbewusstes Verhalten und Auftreten sowie eine solide Gesundheit.

5. Das Nestlé-Konzept der Einbeziehung der Mitarbeiter

Die Einbeziehung der *Nestlé*-Mitarbeiter aller Stufen beginnt mit einer angemessenen Information und Kommunikation über die allgemeinen Unternehmensaktivitäten und über die spezifischen Aspekte ihrer Tätigkeit.

Alle Änderungen und möglichen Verbesserungen sollten besprochen und erläutert werden. Die Mitarbeiter sollen dazu aufgefordert werden, ihre eigenen Ideen in den Prozess einzubringen.

Dies trägt zur Motivation der *Nestlé*-Belegschaft bei, schafft mehr Arbeitszufriedenheit und leistet einen Beitrag zur persönlichen Entwicklung bei gleichzeitiger Verbesserung der Ergebnisse des Unternehmens.

Nestlé misst Fortbildung und Entwicklung der Mitarbeiter große Bedeutung bei; das Unternehmen ist sich jedoch der Tatsache bewusst, dass die Auswahl der geeigneten Personen sehr wichtig ist und Effektivität und Ergebnis der Schulungsmaßnahmen wesentlich steigert.

6. Grundlagen der Nestlé-Kultur

Starke Ausrichtung auf Qualitätsprodukte und Markenartikel

Henri Nestlé war ein deutscher Unternehmer und Apotheker, der in Vevey in der Schweiz lebte. Da ihn die hohe Kindersterblichkeit jener Zeit beschäftigte, entwickelte er auf der Basis wissenschaftlicher Erkenntnisse ein revolutionäres Produkt mit Namen »Farine Lactée Nestlé« (»Nestlés Kindermehl«), das dazu beigetragen hat, das Leben vieler Kinder auf der ganzen Welt zu retten.

Seit dieser Zeit haben Produktqualität, Innovation und starke Marken Priorität für *Nestlé*. Bereits ganz zu Anfang entschied sich Nestlé für sein Familienwappen, das Nest, als Markenzeichen des Unternehmens.

Respekt für andere Kulturen und Traditionen

Von seiner Gründung an entwickelte *Nestlé* seine Geschäftstätigkeit auf internationaler Ebene. Dies war zum Teil auf den Unternehmensgeist von Henri Nestlé zurückzuführen, aber auch auf die Tatsache, dass die Schweiz im Hinblick auf eine Nutzung der erforderlichen Größenvorteile einen zu kleinen Markt darstellte. Desgleichen war sich *Nestlé* immer schon der Tatsache bewusst, dass Nahrungsmittel eine enge Bindung zu den lokalen Essgewohnheiten und zu den sozialen Gebräuchen des jeweiligen Landes aufweisen müssen.

Deshalb zeigt *Nestlé* seit jeher Respekt für die Kulturen und Traditionen aller Länder, in denen das Unternehmen seine Produkte vertreibt. Das Unternehmen versucht, sich so weit wie möglich an die Sitten und Gebräuche der verschiedenen Länder, in denen es tätig ist, anzupassen. *Nestlé* akzeptiert daher kulturelle und soziale Unterschiede und ist gegen jede auf ethnischen, religiösen oder anderen Gründen beruhende Diskriminierung.

Darüber hinaus vertritt *Nestlé* die Auffassung, dass ihre Geschäftstätigkeit langfristig nur dann vorteilhaft sein kann, wenn sie gleichzeitig für das jeweilige Land von Nutzen ist. Auf einen kurzen Nenner gebracht heißt dies: globales Denken und globale Strategien, aber lokales Handeln und lokales Engagement.

*Die wichtigsten Elemente der allgemeinen Nestlé-Kultur,
die überall eingehalten werden müssen*

Abgesehen von der internationalen Einstellung und
der Achtung der Verschiedenartigkeit, ist *Nestlé*
einer Reihe von grundlegenden kulturellen Werten
verpflichtet. Diese Werte, die teilweise auf den
Schweizer Ursprung des Unternehmens zurück-
gehen, wurden im Lauf seiner langen Geschichte
weiterentwickelt; sie haben sich als sinnvoll und
angemessen erwiesen und lassen sich wie folgt zusammenfassen:

- eher pragmatisches als dogmatisches Vorgehen
  bei der Geschäftstätigkeit;
- eine realistische Einstellung und Entscheidungen, die auf Tatsachen, nicht auf Träumen oder
  Illusionen beruhen;
- Arbeitsethik, Integrität, Ehrlichkeit und Qualität;
- auf Vertrauen basierende Beziehungen, wobei
  gegenseitige Aufrichtigkeit erwartet wird und
  Intrigen abgelehnt werden;
- eine persönliche, direkte Art des Umgangs mit
  dem anderen, sodass bürokratische Verfahren
  auf ein Mindestmaß reduziert werden können;
- die Mitarbeiter von *Nestlé* geben nicht an,
  sind sich aber ihres Wertes sowie des positiven
  Images ihres Unternehmens bewusst. Sie sind
  prinzipiell bescheiden, haben jedoch Stil und
  einen Sinn für Qualität;
- die Mitarbeiter von *Nestlé* sind für dyna-
  mische und zukunftsorientierte Trends auf den

Gebieten Technologie, Änderungen der Ver-
brauchergewohnheiten sowie Geschäftsideen
und -möglichkeiten offen, wahren jedoch die
Achtung für grundlegende menschliche Werte,
Einstellungen und Verhaltensweisen. *Nestlé*
hat gegenüber kurzfristigen Modeerscheinungen und selbsternannten »Gurus« eine skepti-
sche Einstellung.

Nestlé – ein menschliches Unternehmen

Nestlé ist davon überzeugt, dass seine Mitarbeiter
das wertvollste Kapital des Unternehmens sind.
Dies kommt in der Einstellung und im Verantwortungsbewusstsein des Unternehmens gegenüber
den Mitarbeitern zum Ausdruck.

Nestlé ist kein anonymes Unternehmen, das
seine Produkte an anonyme Verbraucher vertreibt.
Es ist ein menschliches Unternehmen, das sich bemüht, den Bedürfnissen der einzelnen Menschen
auf der ganzen Welt gerecht zu werden.

7. Engagement des Managements

Die Angehörigen des *Nestlé*-Managements auf
allen Ebenen zeigen ein starkes Engagement für
das Unternehmen, seine Weiterentwicklung, sein
Kultur und die oben beschriebenen Führungsprinzipien.

Abgesehen von beruflicher Tüchtigkeit und Erfahrung, stellen die Fähigkeit und der Wille, diese

Prinzipien anzuwenden, die wichtigsten Kriterien für eine Beförderung dar – und nicht der Pass oder die ethnische oder nationale Herkunft der Person!

1997 Nestlé AG, Vevey, Schweiz

10 Grundsätze für den Geschäftserfolg

1. Vergiss nie die normalen, an sich selbstverständlichen Aufgaben in jedem Geschäft, nämlich:

   - Stelle marktgerechte Produkte her.
   - Kümmere dich um dein Management, deine Leute und deine Kunden.
   - Schau, ob die Kasse stimmt.

   Kurz gesagt: Get back to the basics.

2. Behandle Menschen und Produkte stets als erste Priorität und nicht die Systeme.

3. Die Auswahl der richtigen Führungskräfte ist wichtiger als (die natürlich auch notwendige) ständige Schulung. Neben beruflicher Ausbildung und Erfahrung kommt es auf die richtigen Führungseigenschaften und persönliche Qualifikationen an, zum Beispiel Mut, Nerven und Gelassenheit, Engagement für das Unternehmen, die Fähigkeit zur Kommunikation nach innen und außen, die Fähigkeit, Mitarbeiter zu motivieren und ein innovatives Klima zu schaffen, und so weiter.

4. Vergiss nie die Bedeutung der Führungskräfte auf der untersten Ebene und kümmere dich um sie, denn sie sind die Vorgesetzten aller unserer übrigen Mitarbeiter.

5. Vergiss nie die langfristigen Aspekte und die langfristige Entwicklung des Unternehmens trotz aller kurzfristigen Pressures.

6. Richtiges Timing und Geschwindigkeit spielen eine große Rolle für den Erfolg. Deshalb stelle so früh wie möglich fest, was getan oder geändert werden muss. Entscheide dann so rasch wie möglich über die zu treffenden Maßnahmen und implementiere schließlich diese Entscheidung so rasch wie möglich.

7. Sei stets bemüht, die Organisationsstruktur der jeweiligen Größe und Struktur deines Geschäftes anzupassen. Subventioniere keine langfristig unrentablen Geschäfte mit den guten Gewinnen der übrigen Geschäftszweige. Sei strikt im Kostenmanagement und nimm jede Rationalisierung wahr, die möglich ist, aber senke Kosten nie zulasten von Qualität und langfristig notwendigen Innovationen. Kombiniere Rationalisierungen mit sozial flankierenden Maßnahmen, um so eine Schädigung des Images der Gesellschaft zu vermeiden und motivierte Mitarbeiter zu behalten.

8. Ständige Innovation auf allen Gebieten ist wichtig. Vergiss aber nicht die vielen Möglichkeiten der Renovation.

9. In einer marktwirtschaftlich organisierten Ge-

sellschaft muss der Markt die oberste Richtschnur bleiben. Deshalb sind alle wichtigen
Aspekte des Marketings Chefsache.

10. Vergiss nie die für mich heute wichtigste Führungseigenschaft: Sei immer glaubwürdig und
stelle sicher, dass deine Taten mit deinen Worten übereinstimmen.

Register